Visit us at
Archrecord.construction.com

Holy Rosary Catholic Church Complex by Trahan Architects
Photography © Timothy Hursley

Building Types Study

Each month, *Architectural Record* presents innovative examples of a particular Building Type. See all of these projects on our website ...and more!

Extreme Makeovers	01/06
Multi-family Housing	02/06
Offices	03/06
Record Houses	04/06
Libraries	05/06
Stadiums	06/06
College & University Labs	07/06
Performing Arts	08/06
Record Interiors	09/06
Healthcare	10/06
Public Buildings	11/06
Hospitality	12/06

Photo © Tim Griffith

Project Portfolio

Photo coutesy of AIA Chicago Young Architects Forum

archrecord 2

Photo coutesy of Massimiliano Bolzonella

Residential

Photo © Tjeff Goldberg/Esto

***Record* Houses 50**

Products

Green Source

Photo © Ricardo Labougle

***Record* Interiors**

Photo

Architectural Technology

connecting people_projects_products

McGraw_Hill CONSTRUCTION

Find us online at www.construction.com

The McGraw·Hill Companies

ARCHITECTURAL RECORD

Editorial Offices: 212/904-2594. Editorial fax: 212/904-4256. E-mail: rivy@mcgraw-hill.com. Two Penn Plaza, New York, N.Y. 10121-2298. web site: www.architecturalrecord.com. Subscriber Service: 877/876-8093 (U.S. only). 609/426-7046 (outside the U.S.). Subscriber fax: 609/426-7087. E-mail: p64ords@mcgraw-hill.com. AIA members must contact the AIA for address changes on their subscriptions. 800/242-3837. E-mail: members@aia.org. INQUIRIES AND SUBMISSIONS:Letters, Robert Ivy; Practice, Charles Linn; Books, Clifford Pearson; Record Houses and Interiors, Sarah Amelar; Products, Rita Catinella; Lighting, William Weathersby, Jr.; Web Editorial, Randi Greenberg

McGraw_Hill CONSTRUCTION

The McGraw·Hill Companies

建筑实录 年鉴 VOL .2/2006

著作权合同登记图字：01-2006-2130号

图书在版编目（CIP）数据
建筑实录年鉴. 2006.2/《建筑实录年鉴》编委会编—北京：
中国建筑工业出版社，2006
ISBN 7-112-08498-X
Ⅰ. 建… Ⅱ. 建… Ⅲ. 建筑实录-世界-2006-年鉴 Ⅳ. TU206-54
中国版本图书馆CIP数据核字（2006）第089780号

建筑实录年鉴VOL.2/2006

中国建筑工业出版社出版、发行（北京西郊百万庄）
新华书店经销
上海当纳利印刷有限公司印刷
开本：880 ×1230毫米 1/16 印张：4 3 字数：200千字
2006年8月第一版 2006年8月第一次印刷
印数：1—10000册
定价：**29.00元**
ISBN 7-112-08489-X
（15153）

「太平洋交流」

2006年度美国建筑师学会西北及太平洋区及美国建筑师学会设计委员会秋季研讨会

由美国建筑师学会香港分会及美国建筑师学会设计委员会联合举办

2006年10月15日至22日
香港和上海

与来自美国及亚太地区的专业设计人士共享知识与经验。
「太平洋交流」研讨会包括讲座、讨论、展览以及参观香港及上海的代表性建筑。

研讨会将重点讨论可持续环保设计以及当代建筑在中国和亚太地区的影响。
是次会议将为正在或寻求国际发展的建筑专业人士提供交流及建立国际网络的良机。

演讲者名单:

Kate Schwennsen女士，美国建筑师学会主席， 美国建筑师学会资深会员，
美国爱荷华州立大学设计学院副院长
陆恭蕙女士，美国建筑师学会荣誉会员，香港思汇政策研究所创始人
Tod Williams 先生，美国建筑师学会资深会员及
Billie Tsien 女士，美国建筑师学会会员，
Tod Williams + Billie Tsien建筑师事务所总裁
杨经文博士，美国建筑师学会荣誉资深会员，Llewelyn Davies Yeang及
Hamzah & Yeang联合建筑师事务所总裁
严迅奇先生，美国建筑师学会荣誉会员，许李严建筑师有限公司董事
长谷川逸子女士，美国建筑师学会荣誉资深会员，长谷川逸子建筑设计事务所总裁

有关此会议的详细资料，请浏览 www.aiahk.org。

美国建筑师学会香港分会
+ (852) 2882.6011
www.aiahk.org

美国建筑师学会设计委员会
+ (202) 626.7468
www.aia.org/cod

ARCHITECTURAL
RECORD

建筑实录 年鉴 VOL.2/2006

封面： 圣卡特里纳市场
摄影： Duccio Malagamba
右图： 1997年的上海

专栏 DEPARTMENTS

7 **篇首语 Introduction**
拯救城市与场所，不只是建筑
By Clifford A. Pearson and 赵晨

9 **新闻 News**

专题报道 FEATURES

13 **正在改头换面的中国 The Changing Face of China**
By Clifford A. Pearson

作品介绍 PROJECTS

18 **EMBT在巴塞罗那的圣卡特里纳市场实施了一项创新的城市更新策略，并将它涂抹成一席热情奔放的色彩盛宴** Santa Caterina Market, Barcelona, Spain / Miralles/Tagliabue-EMBT
By David Cohn

26 **项目日志：SOM事务所对底特律通用汽车复兴中心进行彻底的改造，给约翰·波特曼在20世纪70年代修建的标志建筑带来了希望** GM Renaissance Center, Michigan / Skidmore, Owings & Merrill, Chicago
By Suzanne Stephens

36 **建筑师卡桑德拉·费伊把自己命名为"变色龙"的阁楼居室建成了一个表皮会随着光线变幻色泽的巨大灯笼** Chameleon, Melbourne, Australia / Casandra Complex
By Sarah Amelar

44 **戴利·甘尼克 把一个飞机试验风洞变成了一个生机勃勃的建筑，从而揭幕了艺术中心设计学院的新校区** Art Center College of Design, California / Daly Genik
By Joseph Giovannini

48 **分析：纽约利华大厦的修复不是所谓老调重弹，正如建筑师SOM和威廉·T·乔治斯所证明的那样** Lever House, New York City / William T. Georgis and Skidmore, Owings & Merrill, New York
By Suzanne Stephens

建筑类型研究 BUILDING TYPES STUDY

56 **流水别墅旁的谷仓 美国宾夕法尼亚州"磨跑"峡谷 The Barn at Fallingwater Mill Run, Pennsylvania**
By James Murdock

60 **东方餐饮酒店 德国 汉堡 East Hotel Restaurant Hamburg, Germany**
By Farhad Heydari

64 **皮尔森学院 美国 纽黑文 Pierson College New Haven**
By Sara Hart

68 **地方协会580 美国 长岛 Local Union 580 Long Island City**
By Suzanne Stephens

建筑技术 ARCHITECTURAL TECHNOLOGY

72 **重生：新的表皮带来新的开始 Born Again: A New Skin Offers a Fresh Start**
By Sara Hart

1. EMBT设计的圣卡特里纳市场，巴塞罗那
2. 卡桑德拉联合体（Cassandra Complex）设计的"变色龙"，澳大利亚墨尔本
3. SOM设计的利华大厦，纽约

您可以在以下网站找到这些文章：**www.architecturalrecord.com** 或者 **www.construction.com**

拯救城市与场所，不只是建筑

Saving cities and places, not just buildings

By Clifford A. Pearson and 赵晨

许多方面都可以改变，只有建筑与场所的精神是我们所不能舍弃的

我们保护，是因为我们珍惜。我们都不会有异议：像紫禁城、颐和园这样的地方应当被保护起来；可是，应当被保护起来的历史遗迹远远应不该只是这些闻名的地标。因为城市不是房屋或其他纪念性建造物的简单集合。它是场所，是人们生活、工作、购物、娱乐的地方。因此，场所的肌理，那串联起建筑与建筑之间的纹路，是城市性格的一部分。如果我们珍视人们对于城市日复一日的真实体验，那么我们就会想要留住街巷的格局，以及那些人行道、公园和其他种种开放式的公共空间。几间简陋的店铺，数条纵横的胡同，乃至一座朽烂的厂房，都让人感受到某个场所自成一体，有着无可替代的情致。例如在纽约，地标保护委员会从来不单单保护某栋建筑，而是连同整个区域都保护起来。至今，列入保护范围的区域已达85处，有些不过跨几个街区那么大，比如像格林尼治村的SoHo区，却有着数千人在其中工作、生活。

Island6是从上海苏州河畔一座旧面粉厂改造而来的一个艺术中心。艺术家和企业家正在这里试图把工业景观变成一片艺术热土。

1973年，当SoHo区被宣布为历史保护区域的时候，引来了众人的不解。人们不明白，这么一个满是脏污的工业用房地带何以要保护起来，特别是，过去这里铁盒子般坚牢的厂房里的大多数制衣厂也早就搬去别处了。可是今天，SoHo已经成为了一个时尚、餐饮、艺术汇聚的繁华地段。地段里的建筑用途虽然与从前大不相同，可是建筑风格却仍然延续未变，给这个区域烙上了鲜明的特色，也见证着这个城市工业史的一个重要章节。SoHo的历程告诉我们，无论是老建筑还是老城区，都可以转换新的用途，焕发新的生机，并且决不会输给当年。

不过，保护并非拒绝变化。一个建筑要获取一种新的用途，是必定要经过建筑学上的某些干预的。这些干预兴许隐而不现，如埋在墙里的管与线；又兴许大鸣大放，成为建筑的一个新标志。这一期里介绍的作品，大都属于后一种模式，在新与旧之间建立了对话。它们不刻意去模仿原作的形式与材料来掩饰对于原作的修改，反而着意凸现从一个时代到另一个时代的变迁，圣卡特里纳市场（第18页）、艺术中心设计学院（第44页）和东方酒店（第60页）就是很好的例子。SOM的利华大厦算是一个异数。因为他们知道，自己所面对的是现代主义建筑的一个里程碑。于是，建筑师深情地修复了建筑的幕墙，弄得它跟1952年首次在评论界声名鹊起之时几乎一模一样。

现下，中国正在经受一次把城市全盘改造的建筑风潮。政府职能部门、开发商、建筑师以及市民们必须携起手来，认真思考，如何既保护旧建筑，又不毁伤旧城区；即使不留住他们的一砖一瓦、一街一巷，也要留住它们的精神。■

新闻 News

北京前美国驻华使馆将成为餐饮与文化综合体

20世纪初叶，美国驻华使馆所在的五栋新古典主义建筑正在接受改建，计划于2007年中期对公众开放，届时它们将成为一项集文化与餐饮为一体的豪华综合性设施。

"使馆区"项目座落在天安门广场的东南角，投资4000万美元，由上海的建筑事务所——如恩设计研究室和设在北京的中国建筑设计院共同设计。项目开发商李景汉（Handel Lee）是2004年竣工的"外滩3号"的联合董事长。"外滩3号"容身于上海外滩的一栋历史建筑内，拥有数家餐厅和一系列艺术活动场所。李向政府租下了"使馆区"的地皮，租期为25年，他说："我们要做的是高水准、有生机，并且是利用文化作为驱动力的项目。到目前为止，在北京还没有哪个人能把几种娱乐和餐饮概念收罗在一个历史外壳之中。

"使馆区"的规划必须取得地方和国家两级文物建筑保护部门的许可，审批程序通常相当复杂烦难。例如依据相关规定，这五栋新古典主义建筑的立面、结构和位于中央的草坪必须比对老照片复原到最初的状态。"这是一个非常敏感的区域，"中国建筑设计院建筑师崔恺这样说道，"也是在我的设计生涯中首次必须大量思考关于历史建筑保护的问题。"

接主管部门批示，项目总面积必须与现有建筑总面积持平。因此，建筑师正动手在1949年以后建造起来的一些李景汉称作"平庸无趣"的房屋中腾出500m²的空间，来加盖同等面积的新建筑。新建筑将容纳一个地下剧场和一个玻璃墙体的2层艺术画廊。

为了适应现代餐饮业的需要(纽约大厨Jean Georges Vongerichten也将入主其中的一家餐厅)，也为了迎合历史建筑严格的防火条例，建筑师为五栋老房子各设计了一栋新的附加建筑，特别定制的厨房就设在里面。五栋附加建筑合抱着六个新的庭院，如恩设计研究室合伙人郭锡恩（Lyndon Neri）说，这就为这个西洋建筑项目加入了中国色彩。

去年春天，"使馆区"规划曾经提交保护委员会审批，未获通过，此后便进行了调整。当初的规划是要在五栋历史建筑之间建起构成相互联结的一系列新架构，高约3层，而保护部门却不允许任何加建部分超过2层楼高，也不允许将这些老建筑实际地联结起来。"对于保护部门来讲"，郭指出，"我们的规划兴许是有些过火了。不过我们的立场是：保护不等于复制。"

文中所述的五栋新古典主义建筑由美国建筑师锡德·尼利（Sid Nealy）建于1908年，为美国驻华使馆所在地。1949年由中国共产党政府接管后，它们一直作为政府官邸和私人迎宾馆使用。

（Jen Lin-Liu 著　徐迪彦 译　张弘 校）

开发商李景汉正修复百年建筑（上图）并为这一综合体添加新的建筑（右图）。

北京政府开始进行历史胡同地区的改造

大栅栏地区位于天安门广场南面，北京已对其启动了一项有争议的改造计划。该地区是北京现存的最大的胡同区之一。

据独立艺术家及电影摄像技师欧宁称，按照2008年奥运规划，北京市规划委员会将此处视为"贫民区"。欧宁与生于广州的国际知名艺术家曹斐共同发起了"大栅栏计划"。该计划是一项学术行动，以调查这一地区的现状。

规委官员指出，人口稠密、水电供应不足、治安混乱表征了街区的衰败状态。据此，他们已委托编制了一项将大幅度改变这一地区建筑和城市特征的规划，纵然大栅栏是北京旧城25片历史文化保护区之一。

大栅栏地区的东北角已被拆毁，今夏将开始进一步的拆除工作。城市规划师们称其规划提案将保留这一地区的特点。规划中有数条售卖传统物什的宽阔大街，以表达对大栅栏在城市中所扮演的传统角色的敬意。民营开发商将营建一系列运用具有中国传统合院家庭尺度和形式的住宅和旅馆，以保留某种亲密感和历史脉络。该地区另一部分的主题定为胡同"旅游"，多半会带来成千上万的居民搬迁。规划要求保留多数的现有的街道格网。

几个世纪以来，这一地区一直是北京旧皇城的商业中心，相对于毗邻的故宫的谨严之阳，这里是熙攘之阴。就建筑而言，这一地区包含了丰富的中国合院住宅，其中多数建于清初。该地区还有许多装饰着繁复亚洲纹样的西式房屋。

大栅栏是"某种市民社会模型最早建立的地方之一"，欧宁说，他还补充道："居民们已经建立起来的邻里生活和人际关系将被扯裂。"通过同时综合了图片、影像和文字的纪录片式的过程，欧宁和曹斐计划把大栅栏最后的日子和其作为北京正在消逝中的建筑与社会历史宝库的角色记录下来。

（Daniel Elsea, AIA著　徐迪彦 译　张弘 校）

新闻 News

艺术家和设计师将老化的工业区变为新兴的艺文区

曾经是苏州河畔没落的老工业地带——上海的普陀区，目前正迅速聚集起大量的美术馆、设计室和艺术相关产业的工作室，以至常常被人与纽约的SoHo区相提并论。普陀的转变始于1998年。台湾室内设计师登琨艳在此地租下了一个3层的粮仓作为自己的工作室，然后将这栋建于1933年的装饰派风格建筑进行了他自己称为"极简主义"的修复——裸露的圆柱、高耸的顶棚，以及镶着宽大玻璃窗的内墙。这栋建筑现已更名为"苏州河仓库"，一层是一家建筑书店；二层是工作室和展示区；三层的露台用作会客间。

虽然一切来得实在有些晚，可上海的规划部门终于还是认识到了历史遗存保护的重要性，并表现出了拯救老建筑的强烈愿望。若在几年以前，本地艺术家若同房产开发商争夺这一块宝地，其结果多半是仓库毁而新楼立。可是2004年，政府通过了一项法案，宣布沿河的约40栋建筑为"文化遗产"，并实施保护。

这一地块的中心是莫干山路50号（简称"M50"），过去这里是一个扩张无度的纺织厂，2002年以来却持续吸引了大量的艺术家、设计师和画廊主来此落户，其中有一些就是从周边的强制拆迁房中搬迁出来的。开发商拆房的巨手一度也已经探进了M50，那时的它可还没当上什么"文化遗产"。结果大规模的抗议起来了，政府也最终于2004年附和了这场运动，将M50夷为平地的计划终于搁浅——至少暂时是这样。

M50一旦获得缓刑，建筑师陈旭东和他的"德默营造"便对它启动了分阶段的修复工程——"德默营造"的工作室恰巧就在M50。他们要更新建筑的机械系统，并为其添加砖头和玻璃元素，以呼应这座占地2.2万m²的厂房旧立面的欧洲现代主义风格。曾效力于瑞士赫尔佐格&德梅隆建筑事务所的陈旭东偏爱简单的线条和朴素的建材。在为画家丁乙设计的工作室中，建筑师使用了轻质的钢框架、胶合板墙以及钢质的台阶，

Island6是一座另类画廊和艺文中心，它占据了昔日面粉厂的厂房，为仍在衰败中的工业景观所包围。

不止于此，苏州河地区其他的一些建筑同玻璃钢结构高楼勾勒出来的"现代上海"形象的对立更加鲜明。就像M50附近有时作为画廊，有时作为艺文中心使用的Island6一样，那里原来是一座面粉工厂；厂房的外观，自1913年以来的带纹饰的砖墙和瓦片覆盖的屋顶，乃至荒草萋萋的厂区风貌全部都保留未变。Island6占据了这座4层厂房的第二和第三层（每层287m²），展区空间只用了一些简易的内墙代替原结构的木质柱、梁来进行分隔。

上海市规划局副局长伍江曾经把苏州河地区的老工业建筑称作"定义城市的部分"，并认为画廊和餐馆对于游客都具有强大的吸引力。两年前，上海市副市长发出严令，在苏州河畔违章搭建将受到一系列的严厉惩罚。

（Jay Pridmore 著　徐迪彦　译　张弘　校）

设计师引入意大利的历史建筑保护方法在天津创造商业区

一家意大利建筑事务所和一家中国建筑公司正在天津合作设计一个政府资助项目。该项目旨在将原意大利租界内的约50所房屋改建成一个商业娱乐地块，命名为"意式风情区"。据中方天津市福莱特装饰设计工程有限公司的李云飞称，这一项目要保留"现有建筑的历史意蕴。我们的目的并不是要让它由旧变新，而是要给它涂抹上罗马的味道。"

天津市海河建设发展投资有限公司是项目的统筹方。他们从意大利请来了溪乐那（SIRENA）事务所，为项目引入意大利的历史建筑保护方法。

区内现存的住宅大多为2层排屋，此番基本上将全部予以保留；此外，街道拟予以封锁，以营造更为宜人的步行环境。李透露，这片方圆10hm²的区域内只有不到10%的老建筑将面临拆除。

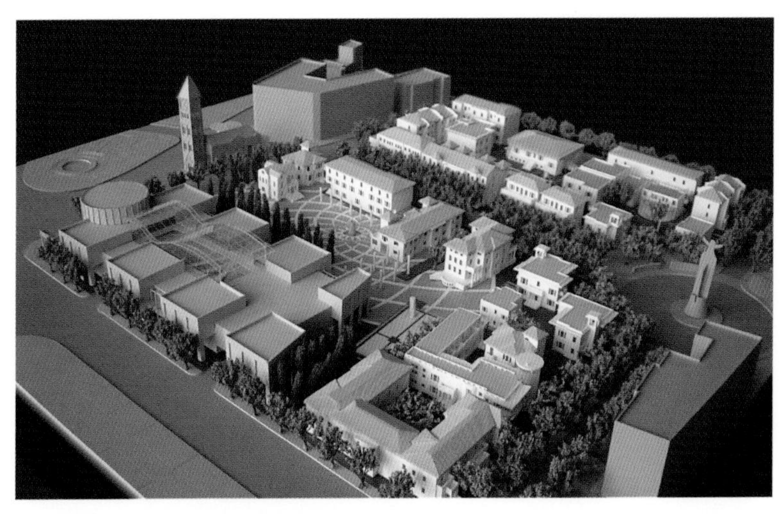

这一地区将有意大利广场状的院子和适宜步行的街道。

来自旧金山的景观建筑事务所EDAW参与了项目的总体规划。他们设想将一系列意大利式的露天广场连缀起来，沿着天津市最重要的水道海河绵延并穿越整个区域。EDAW同时还在天津承担着另一个更大的规划项目，该项目覆盖了意大利风情区，此外还包括海河之滨一条18km长的观光水岸，它联结着意大利区和中央商务区所在的城市中心地带。

目前，许多改建工作已初步告罄，但意大利风情区至少要等到明年获得政府各项批准并允许设摊之后才能够正式对游客开放——其中将有部分意大利餐馆和服饰店。项目的二期计划是建成一个会展中心和一栋写字楼，均将于2008年前后竣工。

据天津政府网站报道，该市于1902~1945年间作为意大利租界的区域保留了亚洲最大的意式建筑群。到1949年以后，五六百平方米的每幢房子里都差不多挤进了10户人家。拥挤的生活空间迫使住户纷纷动手改造自己的房屋。在原始内部装修几乎无迹可寻的情况下，"意式风情区"的设计师们干脆清空了建筑的内部，同时开拓出新的内部空间来。

李说："这个项目比起新天地更有历史感。"新天地是上海人气非常高的一处商业娱乐区。"意大利租界的历史和曾经在那里驻留过的人们，包括著名作家梁启超，都赋予了这一地区非凡的价值。"

（Jen Lin-Liu 著　徐迪彦 译　张弘 校）

正在改头换面的中国

The Changing Face of China

旧里坊消失在城市新崛起的建筑丛林里

安迪·瑞安摄影作品。

美国摄影师安迪·瑞安（Andy Ryan）往来中国，记录这个国家不断变幻的城乡面貌，至今已历17余载而不辍。他为这个民族表现出来的巨大能量所震撼，为他们那正推动着足以震古烁今的城市变革的梦想而痴迷 。他把相机对准了这里宏伟的基建项目，也对准了不起眼的深街小巷；对准了即将拔地而起的高楼广厦，也对准了转眼烟消云散的旧屋老宅。他说：“我觉得中国最吸引人的地方，除了她在大开发的旗帜下到处如火如荼地展开着的行动以外，就是中国人特有的强烈意志。这在世界其他任何一个角落都难得一见。”这篇文章里展示的几幅图片，只是安迪·瑞安这几年周游中国所记录的影像中极小的一部分，不仅是他为各地涌现出来的大型建筑奏响的激越赞歌，也是他为不断失落的旧里坊、破碎的旧群落，乃至湮灭的历史建筑所吟唱的一曲悲伤挽歌。

（Clifford A. Pearson 著　徐迪彦 译　张弘 校）

北京，2006年，雷姆·库哈斯（Rem Koolhaas）事务所在中国中央电视台大楼基地破土动工。

古希腊哲学家赫拉克利特（公元前540~前480年）语：万物恒变

上海，1997年，建设中的金茂大厦。

上海，1997年，浦东拆除完毕的某工地。

北京，2003年，北京王府饭店。

北京，2006年，紫禁城维护工程进行中。

北京，2003年，建外SOHO前的路边自行车修理铺。

艺术大师安迪·沃霍尔(Andy Warhol)语：
人们说时间改变一切，但实际上一切都
要你自己去改变

新改造的住宅成为圣卡特里纳市场(本页及对页图)多彩的入口立面的背景，招揽着游客，哪怕他们还在巴塞罗那大教堂那么远处（对页，总平面图）。在市场后部，粉刷成白色的新公共住宅（本页大幅照片）依偎在屋顶的波形之下。

EMBT在巴塞罗那的圣卡特里纳市场实施了一项创新的城市更新策略，并将它涂抹成一席热情奔放的色彩盛宴

EMBT daubs an innovative urban-renewal strategy with a high-spirited riot of color in Barcelona's SANTA CATERINA MARKET

总平面图

By David Cohn 朱荣丽 译 徐迪彦 校

这项鼓胀着EMBT［恩里克·米拉耶斯与贝内德塔·塔格利阿韦（Enric Miralles and Benedetta Tagliabue）］事务所特有的骚动情绪的设计，其意义决不仅仅在于将一座阴骛的新古典主义风格的生鲜食品市场变成了一条色彩绚烂、形式热烈的飞毯。恰当的评价是，圣卡特里钠（Santa Caterina）市场的改建，以及建筑师对于周边街道相应的更新规划，给巴塞罗那哥特区（Gothic Quarter）最糟糕的一个贫民窟带来了生机和阳光。

距离毕加索博物馆和Ramblas等等总是光鲜亮丽的旅游胜地只有几步之遥，城市的肌体深处横陈着众多狭窄暗淡的巷陌和局促不通风的庭院，以拥挤、贫穷、犯罪以至开放空间和公共服务的阙如而声名狼藉。虽然这些街区正逐渐为中产阶级占据而得以粉饰，并且在其中的某些地区这种趋势发展得还更加迅速一些，但它们也总是被纳入大型城市更新规划的一部分，早先的可以追溯到19世纪，晚近的如上世纪的90年代。圣卡特里纳市场周边理应是相当好的地段，离整个哥特区的中心巴塞罗那大教堂不过三个街区。尽管如此，人们还是不乐意穿过车马拥阻的Via Laietana大街——这条20世纪早期城市“更新”时候开辟出来的大道实际上把这个区域割裂成了迥异的两半。

近年来由欧盟经济开发资金资助而对历史中心地带采取的行动虽说不是大规模的贫民窟清理运动，但确也包含了大量拆与毁的举动。在哥特区西南的Raval，街道拓宽了，新的广场建造起来了，新的文化设施如理查德·迈耶当代艺术博物馆雄踞其上。EMBT在圣卡特里纳所做的一切恰恰就是从对这些做法的批判中生发出来的。正如建筑师在项目陈述中说的那样：“现行的规划方式对历史城市的复杂性全然熟视无睹；为了效果立竿见影，把游戏规则简化到了令人无法接受的极端程度。”塔格利阿韦则说得更为具体：“我们试图打破这种先野蛮破坏尔后任意重建的模式。”她指的是城市外围那些极度粗糙简易得好似板块一样的公共住宅区，因为这些“与城市核心地带有着西班牙特色的天井和阳台的历史建

David Cohn 为《建筑实录》驻马德里的国际通讯作者。

项目：西班牙巴塞罗那圣卡特里纳市场的整治

业主：Foment de Ciutat Vella S.A

建筑师：Miralles/Tagliabue – EMBT建筑事务所——Enric Miralles, Benedetta Tagliabue, Igor Peraza

工程师：Robert Brufau (总体)；Jose Maria Velasco (屋顶)；Miquel Llorens (住宅)

总承包商：COMSA

摄影：© DUCCIO MALAGAMBA

加劲构架穿透瓦屋面（左上图），将荷载传至两根大混凝土梁（其中一根延伸出来的悬臂部分可以从左边看到。梁下的玻璃窗阻止了阳光直射在保留下来的地下遗址上）。市场后面的新广场延伸了原先的街道，使它们看起来好像是处在EMBT设计的一片公共住宅围合之中的一条光线充盈的缝隙（对页图）。

筑简直风马牛不相及”。

米拉耶斯和塔格利阿韦在这个巴塞罗那项目中嗅出了机遇的味道，他们改造那些已经衰落的生鲜食品市场以适应正在改变的都市家庭的需求和生活方式的构想，可以在此小试牛刀了。因此，当20世纪90年代中期城市当局宣布取代市场所在的这栋破败严重的19世纪建筑方案时，住在附近的米拉耶斯和塔格利阿韦就提出了一项不同的建议来供当局参考选择，并且于1997年的竞赛后正式接受了这项委托。

由于后来在该地发现的重要考古遗迹将项目推迟了两年，到2000年米拉耶斯英年早逝之时，整个建造才刚刚开始，并最终于去年五月竣工开张。米拉耶斯生前有一长串项目上马，最后都是由塔格利阿韦接手完成的；这个市场只是其中之一，此外还有爱丁堡的苏格兰议会厅[见《建筑实录》，2005年2月，第98页]、西班牙比戈大学校园以及将于今年投入使用的巴塞罗那天然气公司办公大楼。

建筑师保留了这座建于1845年的矩形市场建筑中粉刷成白色的三面石墙，石墙上有许多拱形的开口，沟通了建筑内部和周围的街景。与周围街区相同的花岗岩铺路材料也被应用到了市场内部，“使人一望便知这是一

orabo
FRUITES
FRUITES
RESC
PEIX I M

个公共场所”，塔格利阿韦说。由于市场无需如此之大，建筑师拆除了后墙，嵌入了一个隐蔽私密的广场。这是EMBT专门为该地区因城市更新规划动迁出来的老年人设计的住宅，其体量之微使得它们看起来好像完全脱离了周边密集的街区，而轻盈地飘进了市场里面（对页，平面图）。从城市规划层面来说，它们延伸了原来逼仄的街道，把街道变得好像一条条光晕斑驳的罅隙，逗弄着市场那四平八稳方方正正的空间。

市场内设60个摊位，另有商店和咖啡馆数家、超市一家、餐厅一家，以及一些公共服务设施，包括地下停车场和一个风力的垃圾收集系统。此外，EMBT还保留并公开展示了基地上挖掘出来的中世纪圣卡特里纳女修道院的考古遗迹。注入了2100万欧元（相当于2500万美元），该项目成为邻近街区复兴计划的一部分。

市场色彩鲜亮的瓦屋面，从通向大教堂的街道和广场上就可以远远望见，好像一个水平的广告牌，热热闹闹地给市场做着广告。塔格利阿韦解释说，屋顶流动的形式意在比拟西班牙南部特色的天井遮阳棚，只是它沉重的陶制表面令这种效果不大明显。它计有67种颜色的六角形瓦片据说是受到市场货摊上琳琅满目的蔬菜、瓜果、海产、肉类和其他生鲜食品的激发。

由好像仓库的托盘似的板条面遮蔽着的巨大玻璃墙（对页图及上图），将市场向后部的广场敞开。被EMBT较高住宅（对页平面图）圈住的光线投射到地上，恍如门廊一般的阴影斑斑驳驳。

建筑复杂精密到令人不可思议的支撑结构（对页，剖面图），每一层都垂直地架构在下一层的上面，这正是EMBT作品的典型手法。波浪形的拱顶从入口立面直跨整个体块，其高度和轮廓线起伏变幻，并且在两处地方豁开，形成宛如眉毛似的两道天窗。这个不规则大曲面的形状是由瓦片之下的三层松木薄板条勾勒出来的。手工制作的胶合板托梁将屋面荷载传递至排布在屋面峰谷下大跨度、金属管构造的桁架，而三个拱形的金属桁架则与拱顶呈十字交叉布置，其臂状物向下延伸悬吊起波谷处的桁架，同时加固了拱顶体系。拱形构架将荷载传递至整个屋面结构下两根巨大的混凝土梁，并在市场的货摊上方形成一个又大又清晰的跨度。

支撑拱顶的这些扭曲、树状的金属框架一直延伸到街道上空，其意兴许在表明建筑成为环境有机组成部分的意愿；然而，它无论是颜色、材

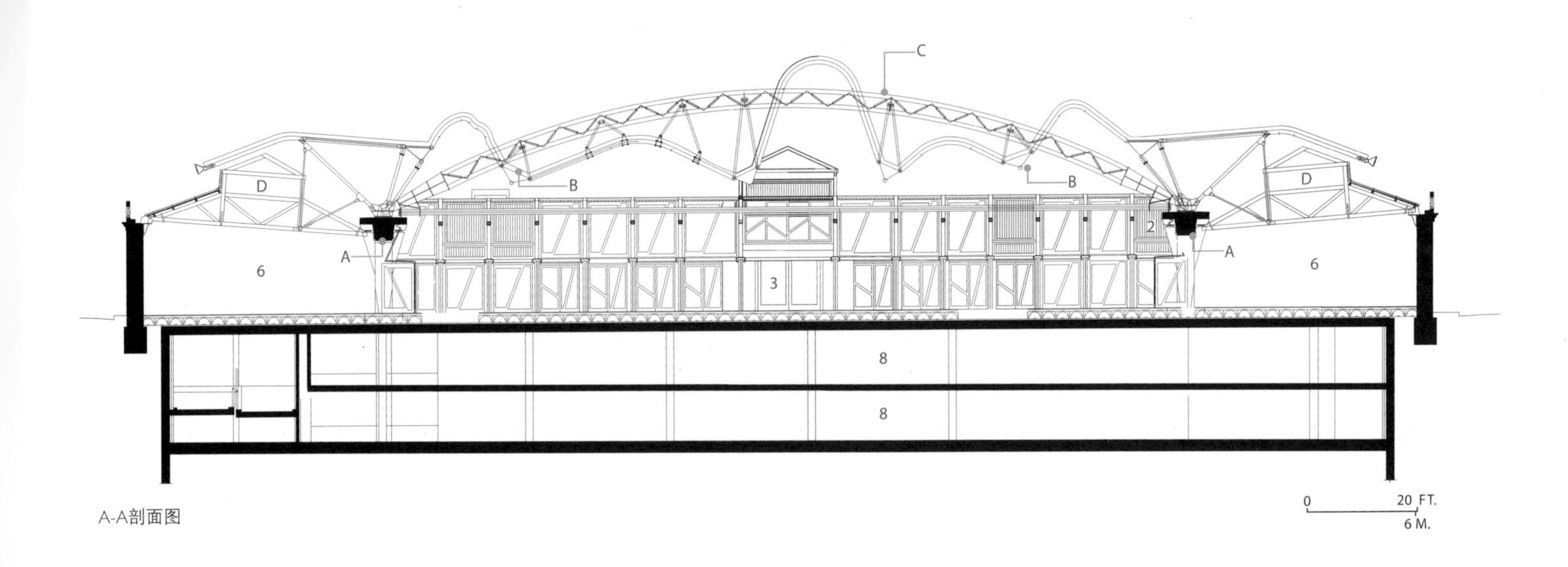

A-A剖面图

1. 街道天篷（未来）
2. 主入口
3. 市场摊位
4. 广场
5. 公共住宅
6. 服务区
7. 斜坡下的废墟
8. 停车场

A. 混凝土主梁
B. 波谷构架
C. 拱形桁架
D. 再利用的原有构架

二层平面图

在面向Francesc Cambò街的主入口处，屋面延伸覆盖了市场原来的墙面（上图），与广场处（右图）不规则的新墙面形成对比。蜿蜒曲折的波谷桁架和艳丽的木构拱顶并没有分散市场货摊的明亮光彩的个性（对页图）。一些原有屋面构架得到再次利用（左侧照片中较暗的部分）。

质、形式还是通体都弥漫着不规则的光线，好像是同粗硬的都市背景相互对立的一座青翠公园。

当局同时采纳了EMBT延及市场之外的城市规划策略。 该项策略将新老建筑穿插在一起以保护并振兴该地区的特色。市场面向宽阔的Avenida Francesc Cambò，它是一条重要的主干道路中未完成的一段。这条干道穿行数个街区，越过Via Laietana大街，直通大教堂，是19世纪巴塞罗那城市大扩张时期Ildefons Cerdà开辟出来联结中世纪老城和自己那著名的斜角网格规制的新区的。可惜这条大道的一段直到20世纪90年代还没从图纸变为现实，结果累及沿途的建筑也都始终不景气。

EMBT的规划设计将这段漫无目的的宽阔林荫道改成了一条近似步行街宽度的通路，经此可达隔壁的一个社区。沿路是新的公共住宅，这些住宅不是干脆构筑在原先的一些旧建筑上，就是一些旧建筑的延伸。塔格利阿韦解释道："如果在原有的建筑物上再建造，就不得不保留很多东西，比如层高，或者一种建构与另一种建构合到一起相互作用可能产生的后果，而这些在过去只能通过非常精细的论证才可以控制。虽然现在这条小道旁的两幢建筑出于不同的建筑师之手，但它们有许多一致的地方，比如都必须考虑如何把旧建筑物容纳在其中。"

通过更改旧建筑的体量，或者与旧体量杂交的方式，新建筑被颇有策略地引了进来。EMBT像动外科手术一般整顿了未完成的大道沿线那曾经残破和杂乱的风貌。然而它并不是把都市新秩序强加于中世纪曲折缠绕仿若迷宫一般的街道，而是有选择地增删修改原有的事物，这样一来，该地区培育了几个世纪的特质在由早期破坏形成的开放空间里新崛起的、更庞大的建筑物中得以清晰地保留。这些开放空间正如建筑师在陈述中所言："讨论旧与新，这首先就是个错误。能够幸存到今天的任何事物都是现时的、有用的、当代的。它让我们可以回到过去，而回到过去正是为了走向未来。"■

材料 / 设备供应商

屋面瓦：Ceramicas Cumella

地面铺材：Galician granite

木结构：FRAPONT

门：Tecfire Doth

关于本项目更多信息，请访问 ***www.architecturalrecord.com***的作品介绍（Projects）栏目

从底特律河（见上图）看过去，通用汽车复兴中心与1977年时（上右图）似乎并无区别，但实际上基座部分变化很大。SOM拆除了南面使建筑与底特律河隔离的高架路，重新布置了停车场，在基座插入玻璃墙体；并在建筑内部挖出了一个高5层的冬季花园，俯瞰长达3英里的滨河步道；滨河步道与附近的其他新开发项目相连（见右侧总平面图）。

项目日志：SOM事务所对底特律通用汽车复兴中心进行彻底的改造，给约翰·波特曼在20世纪70年代修建的标志建筑带来了希望

PROJECT DIARY SOM's radical renovation in Detroit, the G.M. RENAISSANCE CENTER, raises hopes for John Portman's famous icon of the 1970s

By Suzanne Stephens 董艺 译 钟文凯 校

大量的改造工程都是由建筑物使用了大约25年以后出现的老化问题引起的。但这只能部分地解释芝加哥的SOM事务所为何要彻底改造由约翰·波特曼设计、于1977年完工的复兴中心。具有讽刺意味的是，SOM事务所对这一办公、酒店和零售业综合体所进行的改造工作纠正了许多城市和建筑设计方面的缺陷，而这些缺陷在这个耗资3.37亿美元的工程建成之时就已经被意识到了。早在1987年建筑师兼作家布鲁斯·赖特（Bruce Wright）在《进步建筑》（Progressive Architecture）上就指出：这个建在14英亩的混凝土基座上的多功能综合体被夹在拥有10条车道的杰斐逊大街（Jefferson Avenue）和底特律河之间，与城市完全分离。两条内藏采暖通风和空调（HVAC）设备的巨大混凝土过道进一步将其与杰斐逊大街以及周围的城市空间割裂开来。高架路从东、西、北三个方向包围了这个综合体。而在建筑内部，现浇混凝土中庭和酒店的重复圆形几何构图使人们在数不尽的坡道、自动扶梯和电梯中间完全失去方向感。在中庭内部，人们无法感受到底特律河的存在，只有通过乘坐悬挂在酒店外面的观光电梯到达旋转餐厅时，才能看到底特律河的景色。

当时这些批评似乎并未使大楼的支持者们担忧。然而到了20世纪80年代，认为通过这座标志性建筑物可以振兴市中心的乐观主义者们开始失去信心，复兴中心也不再被视为挽救城市危机的典范。波特曼的项目未能阻止中产阶级在七八十年代大量涌出市郊，市中心的财政税收日益枯竭。同时，底特律的汽车工业也受到来自日本的强烈竞争，导致裁员大幅度增加。正如建筑评论家约翰·加拉格尔（John Gallagher）指出的那样：80年代的底特律显然就是一个"不断衰退的停滞地带的城市"。复兴中心内的酒店和百货公司纷纷倒闭离开，使这幢曾经满足了市中心区绝大部分办公空间需求的大楼成为被放逐在底特律河边的一个封闭堡垒，与周围城市环境完全失去了联系。

1996年，通用汽车公司（General Motors）买下了这幢综合体并委任由阿德里安·史密斯（Adrian Smith）主持的芝加哥SOM事务所进行改造，而阿德里安·史密斯所列举的问题则远远超出了赖特曾经指出的那些。那时，底特律的轨道交通从复兴中心的旁边经过，然而沿杰斐逊大道建于1987年的高架轻轨线却恰好遮蔽了复兴中心的主要入口。通用汽车公司计划使用编号从100～400的周圈办公塔楼，它们之间没有任何直接的联系，同时必须通过购物中心才能进入办公塔楼的流线也给来访的商务客人带来了很多不便。

很自然，年久失修增添了更多的问题。玻璃纤维加固的混凝土抵挡不住气候的侵蚀，已经出现多处剥落的情况。1988年由史密斯事务所（SmithGroup）负责的入口改建工程现在看起来也显得过时了。1996~2004年间，SOM事务所对复兴中心进行了大规模的改造，但是办公楼和酒店的功能却一直保持着运转。通用汽车的经济发展和企业服务部门总经理马修·卡伦（Matthew Cullen）说："就好像是在一面重装、一面驾驶一架波音747飞机那样。"

1967～1972年：底特律的波特曼时代

1967年底特律爆发种族骚乱，城市管理者们目睹了白人向郊区迁移，而那些被留在身后的人们则面临着大量的社会经济问题。同时，在另一个同样存在敏感的种族问题的城市，开发商兼建筑师波特曼建造了亚特兰大凯悦酒店（the Atlanta Regency Hyatt）。波特曼的酒店承诺以一种全新的方式，将资金和人气重新吸引到日益衰败的亚特兰大市中心。正如乔纳森·巴尼特（Jonathan Barnett）所观察的那样，这个高达23层的中庭里充满着成束的玻璃观光电梯，"这种设计在当时突破了以往所有的设计常规"（见《建筑实录》，1976年第七期，第103页），使媒体、连锁酒店业和城市规划师们都大为倾倒。不久以后，波特曼的酒店如雨后春笋般出现在芝加哥奥黑尔机场、洛杉矶、旧金山和纽约，甚至在亚特兰大被再次复制。底特律也为之所动。1971亨利福特二世（Henry Ford II）和通用汽车主席詹姆斯·罗奇（James Roche）以及其他公司的领导人联合了包括主要汽车制造商在内的51家企业对底特律市中心的复兴计划投资3500万美元。底特律集团因此获得一块32.5英亩的基地，用于建造一个包含酒店、办公和零售业功能的综合体，共投资1.75亿美元，由波特曼设计，取名为复兴中心。

1977～1978年：开幕盛典

虽然当时美国还处于经济萧条之后的恢复期，复兴中心在建造期间的花费却不断高涨。1977年复兴中心对公众开放：4幢39层高的办公楼以钢结构为

项目：通用汽车复兴中心，底特律
建筑师：SOM事务所，芝加哥
设计合伙人：阿德里安·D·史密斯（Adrian D. Smith），FAIA
管理合伙人：Richard F. Tomlinson，FAIA
项目经理：Thomas P. Kerwin, AIA；Jonathan Orlove, AIA
城市设计与规划合伙人：Philip Enquist, FAIA
工程师：SOM事务所
合伙人：William F. Baker（结构/土木工程）；Raymond J. Clark（设备，消防）
室内设计：SOM事务所
合伙人：Jaime Velez

摄影：© SOM/JUSTIN MACONOCHIE，除非注明：BALTHAZAR KORAB（本页图）

波特曼的复兴中心刚建成时，两根巨大的内含采暖通风和空调设备的混凝土梁及其面对的10车道宽的杰斐逊大街，阻碍了复兴中心与城市的联系。SOM拆除了梁结构，并重新设计了入口，而这一入口于1988年被史密斯事务所改建。

框架，外表是有色玻璃/铝窗框幕墙，围绕着中间一座73层高、拥有1400个房间的圆形酒店塔楼，酒店塔楼的反射玻璃幕墙包裹着内部的现浇混凝土核心筒。直到1978年，建筑的出租率依然不高，100间商铺只出租了20间，面积达220万ft^2的办公空间虽然出租或预订了80%，而真正投入使用的却只有40%。13家餐厅和带有椭圆形休息平台的酒廊散布在中心内部：底层门厅以大型水池环绕的旋转酒吧平台为序幕，酒店顶端则是3层高的旋转餐厅。然而，原先规划中将要增建的6幢21层办公楼只在1981年实施了其中的两幢。

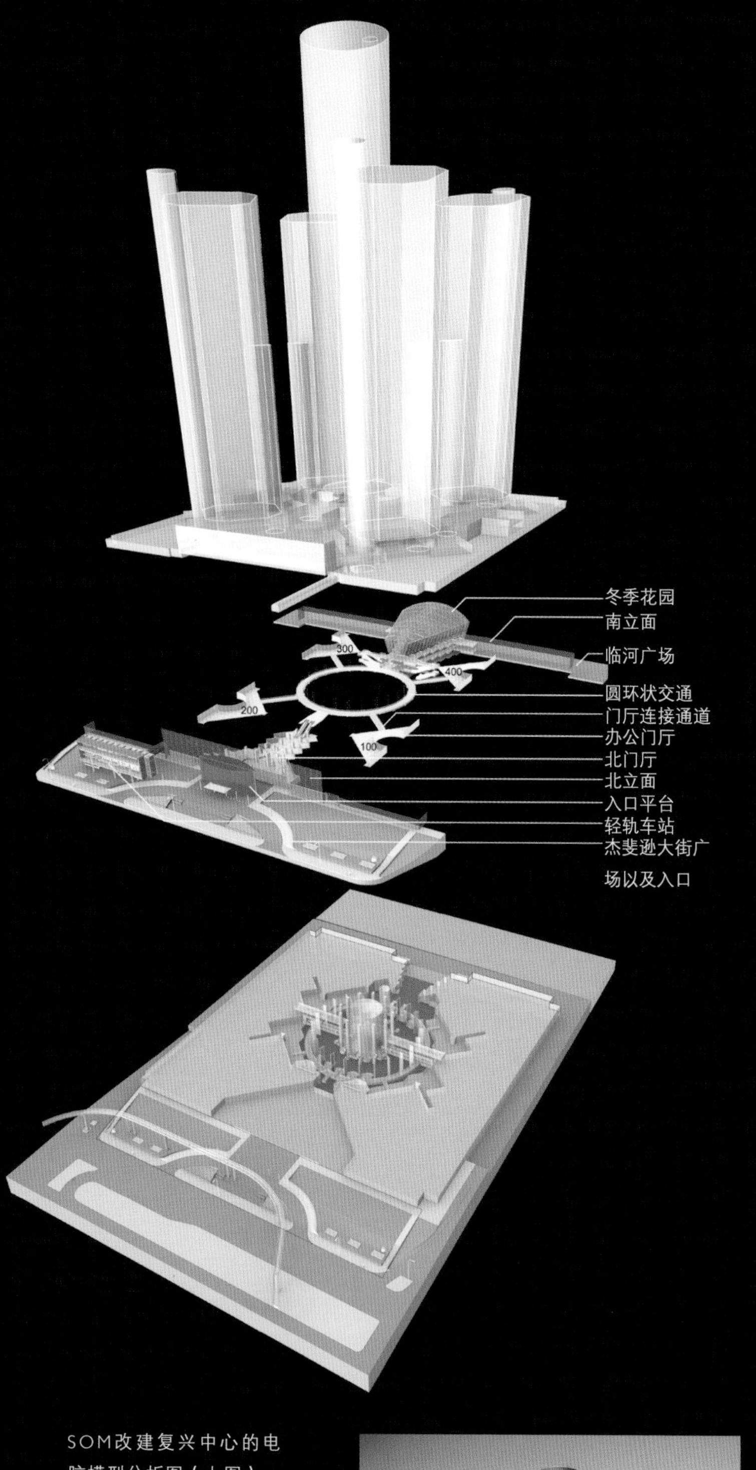

1978～1988年：财政危机及其后的改头换面

20世纪70年代的萧条期使底特律失去了经济活力。到了1983年，复兴中心第二次无法履行抵押契约，（与福特公司一起）承担修建成本的四家保险公司取得了超过53%的股权。80年代后期，房地产业开始抬头，业主们决定为复兴中心重新装扮一番，聘请了1853年成立于底特律的史密斯建筑事务所（前身为Smith Hinchman Grylls）进行设计。史密斯事务所在杰斐逊大街上添加了一个更易于识别的2层高入口大厅，采用了当时流行的商业化后现代主义风格，例如入口拱门以及在乏味的基座上贴上抛光的花岗石。同时所有的零售业被安排在一层，门面设计各具风格，以铺设黄色瓷砖的小路相互联系。

SOM改建复兴中心的电脑模型分析图（上图），清晰表明新元素之间的关系：冬季花园、环形连廊以及面对杰斐逊大街的入口大厅。1977年时（见右图），从道路上很难看到入口。

1996～2000年：通用汽车收购

1996年通用汽车买下了中央的五座塔楼作为其世界总部，当时的复兴中心有1/3为闲置物业。通用汽车花费7500万买下了这座价值3.37亿美元的综合体，可以说相当划算，但是之后的改造工程将耗资高达5亿美元。通用汽车认为这笔投资还是值得的，因为这样可以将散布在市中心的多个通用汽车办公处集中在一起。但这也意味着通用汽车将搬离其位于市中心北面5英里的“新中心总部”。这幢造型优雅的大楼面积达130万ft^2，由艾伯特·卡恩（Albert Kahn）于1922年设计。起初通用公司宣称将有7000名员工入驻，而当时仅有5000名。

在意向性方案征集以后，通用汽车公司委托SOM芝加哥分部进行总体规划和建筑设计，由阿德里安·史密斯任总设计师。1997年又通过另一筛选过程委任甘斯勒（Gensler）事务所设计室内办公空间。但就在那年3月，通用汽车公司却推迟了工期，由于政府当时正在斟酌是否在附近兴建三座赌场酒店综合体。通用汽车的卡伦在谈到此事时说：“虽然不是我们所希望看到的，但我们尊重政府的意愿。”最终，赌场酒店并未在此选址。6月份，复兴中心南边的阿特沃特大街（Atwater Street）被推平了。

1998年5月，SOM设计的造价700万美元的玻璃连廊开始施工。这些宽

摄影：© BALTHAZAR KORAB（左下图）；SOM提供（右上图）

1987年杰斐逊大街沿线建造了高架轻轨线路（见右图）。为了扩大面向城市的沿街面，SOM拆除了过道，重新设计了轻轨车站并将其位置移向东面。2005年SOM的新车站建成开放（见上图），为长方体的3层钢结构，外挂磨砂玻璃幕墙。车站通过人行天桥与复兴中心门厅的夹层相连。

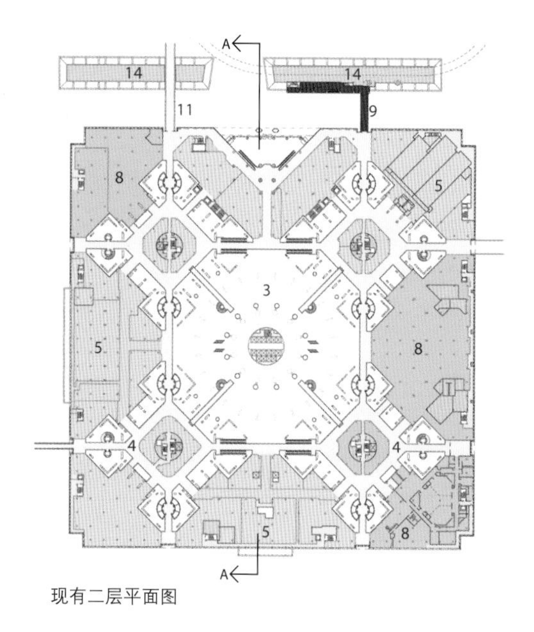

现有二层平面图

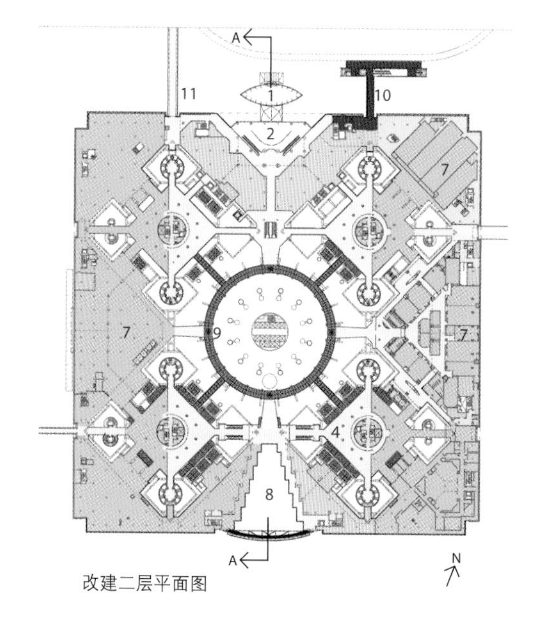

改建二层平面图

1. 入口大厅
2. 门厅
3. 中庭
4. 交通空间
5. 零售店铺
6. 酒店
7. 通用汽车公司
8. 冬季花园(下面)
9. 环形玻璃连廊
10. 轻轨车站
11. 至米兰德中心的人行天桥
12. 停车/卸货
13. 就餐庭院
14. 过道(去除)

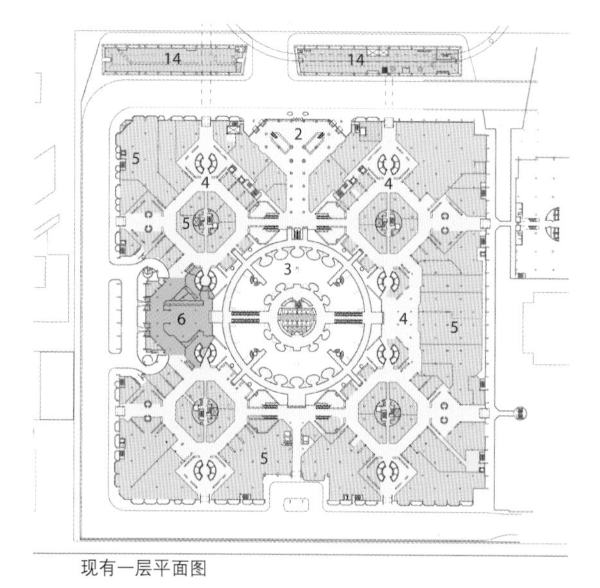

现有一层平面图

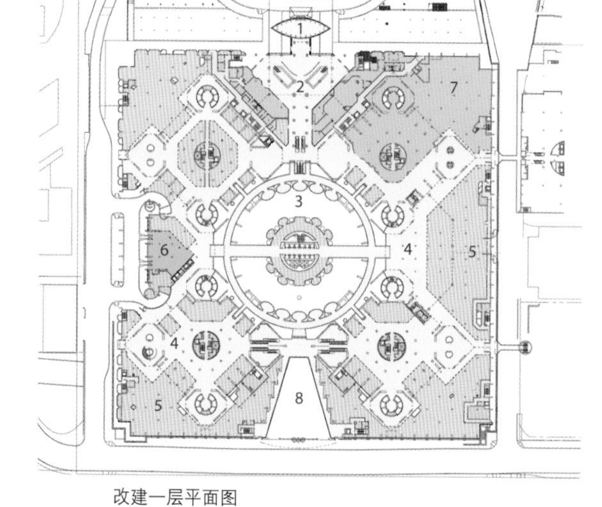

改建一层平面图

现有剖面图

改建剖面图

为了进一步突出杰斐逊大街上的复兴中心入口，SOM设计了一个椭圆形玻璃大厅：高30ft，中间宽30ft，纵向长96ft（见上图与左图）。此外，建筑师还添加了灯柱（左图），在1988年改建时添加的抛光花岗石上喷沙，并在板材表面嵌入精细的不锈钢钢条网格。

可以俯瞰底特律河的5层高冬季花园，成为来访者辨别方向的重要参照物。由弓形桁架支撑的玻璃天窗为中庭提供采光，女儿墙以桉木板材为饰面。通用汽车公司在中庭的最底层设置了展示空间（见左下图）。

10ft的环状步道位于中心的二层标高（见平面图，第86页，右上），其发光地面由层叠的钢化玻璃制成，玻璃表面采用酸腐蚀工艺。由环形连廊上延伸出来的天桥可以通向四座办公塔楼、冬季花园、通用汽车大学（新建的3万ft^2的培训中心）以及主入口大厅。连廊采用底部照明，光亮的地面以及带樱桃木扶手的透明玻璃栏板与原来昏暗的混凝土室内形成鲜明的对比。

1999年3月，面南的冬季花园开始动工。扇形平面的室内空间高5层，通过打开3层混凝土楼板而实现，底部A层与底特律河处于同一标高。人们可以通过巨大的弓形玻璃墙以及弧形玻璃天窗看到底特律河的景色。开阔的中庭内布置了商店、咖啡馆，可以便捷地转化为一个集会大厅，里面还种满了（无须打理的）华盛顿棕榈树。玻璃屋顶由弓形桁架结构支撑，而室内的赭石色涂料以及桉木饰面都在阴天时起到增添大厅暖色的作用。

2000～2002年：通用汽车公司扩展总部、改善公共设施

2000年，名为通用汽车世界的展示中心在一层开张，面积达5万ft^2，用于展示通用汽车的最新车型。同时通用汽车公司联手万豪国际（Marriott）共同经营酒店部分，其中通用汽车掌握2/3的股权，其余的由万豪国际拥有。通用汽车公司同意将重新装修的费用提高到1.25亿美元。通用汽车还把注意力转向附近的房地产开发，向外界公布了将其拥有的复兴中心东面的25英亩地块出租给住宅开发商的计划，用于兴建可出售和租赁的高层公寓，取名河东住宅（River East）（本文发表之前，通用汽车公司将正式宣布该项目的开发商）。到2001年底，通用汽车完全签下了复兴中心七幢塔楼的最后两幢（500和600号），其中57万ft^2的办公空间将被转租出去，还有5万ft^2用于入驻公司的共享空间。同时通用汽车还买下了杰斐逊大街对面的米兰德中心（Millender Center）内的酒店、停车场和零售商店（不包括公寓）。2002年，复兴中心门前长达3英里、斥资620万美元的河滨走廊建成开放。而杰斐逊大街旁的两条混凝土过道也根据新的入口设计而终于被拆除了，与混凝土过道相连的轻轨车站则被移到了东边。

2004年：入口和门厅的落成

2004年，一个崭新的入口大厅建成了，大厅高30ft、宽30ft、长96ft，全部采用单层玻璃幕墙。椭圆形独立结构的玻璃屋顶由弓形的桁架和两根不锈钢柱支撑，弧形的玻璃墙面由垂直的双钢索桁架固定。同年完工的还有新的门厅。门厅高2层，可以从透明大厅的背面进入，也可以通过夹层天桥进入。夹层天桥一头通向轻轨车站，另一头则连接横跨杰斐逊大街通往米兰德中心的人行天桥。SOM事务所的史密斯与艺术家丹尼·莱恩（Danny Lane）合作设计了两片波浪形的绿色玻璃墙面，墙面厚4in、高26ft、长45ft，在门厅两侧遮挡了夹层天桥上的活动。这个弯曲的雕塑体由2000块透明的磨光玻璃组成，架在一个混凝土凸梁上，两端以不锈钢结构作横向的固定。从夹层悬挑的钢桁架从半空支撑着玻璃墙。SOM事务所的设计以中心步道引导来访者从入口门厅进入建筑内部，两旁铺设错列的桉木墙板并与玻璃店面相连（通用汽车公司称这些店面将会被用作媒体中心）。此外由SOM以外的其他事务所设计的部分包括：那一年开张的两家底层的餐厅，以及顶楼2层的餐厅（不旋转）。2004年底，面积23.5万ft^2的河滨商场建成，占据了围绕冬季花园的2层空间。

摄影：© BALTHAZAR KORAB（对页，上两图）

当1977年复兴中心开幕时（见左上两图），巨大的中庭内散布着13家餐厅和咖啡馆。今天，中庭内的餐厅、咖啡馆和快餐店的数量减少了。最近改建过的中庭内保留了大量的裸露混凝土（见下图），其颜色由于时间的原因而变暗。

二层的环形玻璃连廊（见上图）连接四个办公塔楼。钢环悬挂在间距20ft的钢索上，钢索则固定在混凝土柱上。

2005年：通用汽车公司的艰难时日

具有讽刺意味的是，在通用汽车公司（以及整个美国汽车制造业）经济下滑的同一年，一个崭新的、3层高的钢和玻璃结构的轻轨车站在复兴中心建成通车，并以天桥与入口大厅的夹层相连。2005年，通用汽车的股票价格大跌，公司不得不削减退休补贴和工资涨幅。到了同年夏季，通用汽车公司宣布关闭位于巴尔的摩，新泽西州的林登（Linden），以及密歇根州的兰辛(Lansing)的汽车装配厂。标准普尔（Standard & Poor's）对通用汽车股票的评估等级作出修改，由稳定降为消极。12月份，有分析家猜测，通用汽车公司可能不得不在近期宣布破产，以降低退休金和劳工费用的支出。同月，大投资家柯克·科克（Kirk Kerkorian）的举动更是令人咋舌，他将其在通用汽车公司的股份从9.9%降低到7.8%，并表示希望成为通用汽车董事会的一员。

2006年：底特律和复兴中心的复苏迹象

2006年1月在底特律举行的北美国际汽车展销会上，小型车与混种车大受青睐，尤其是那些来自国外制造商的车型，包括强势的日本丰田。但通用汽车依然对自己的产品充满信心。至于复兴中心，通用汽车的卡伦宣称70%的店铺已经出租（但在2005年底，本文作者注意到许多空置的店面）。卡伦对复兴中心在当地经济中所起的作用非常高调，他说："底特律市中心正在大为改观。这个城市曾经陷入经济的低谷，但是我们通过改造工程推动了城市的重新发展。" 市中心在近期内兴建的工程还包括两个体育竞技场、Compuware新大楼，以及三座赌场，因此当地的财政要人都认为底特律的经济正在复苏，该市将吸引更多的游客、定居者和商机。

在本刊付印之际，超级杯赛事（the Super Bowl）正在福特球场上演，该球场于2002年投入使用。复兴中心将以地主的身份接待安排美国国家橄榄球联盟的这次赛事并成为媒体中心，同时美国有限体育电视网（ESPN）将转播现场设在冬季花园。卡伦说："这里将充满乐趣"。

历史教训

没有人会知道复兴中心的改造以及通用汽车公司的界入会带来什么样的未来。但毋庸置疑，这些惊人的变化大大改善了这一建筑及其与城市的关系（很可惜这些明显的缺陷在1972年草率的审批过程中被忽略了，直到现在才最终被纠正）。SOM的改建工程——入口大厅、门厅、环形玻璃连廊，以及西萨·佩里式的冬季花园，确实使复兴中心变得更加吸引人，尽管在风格上显得略为折中。但是，综合体笨拙的外部墙面以及内部灰暗的裸露混凝土并没有改观，穿越中庭必须绕路这一点也令人厌烦。最本质的遗传基因还是依

在新建门厅内（见上图），SOM用不锈钢包裹混凝土柱，并且布置了波浪形玻璃雕塑墙体。中间的入口步道两侧以桉木板材来限定边界。

旧，置身其间让人感觉像是游走于皮拉内西式的停车场内。也许再来5亿美元可以改变这一切。■

材料/设备供应商

冬季花园、环形连廊和入口大厅的不锈钢结构： MERO Structures

环形连廊的玻璃： Figla USA

桉木饰面： Bacon Veneer（冬季花园）；Dooge Veneer（北门厅）

玻璃栏杆： Soheil Mosun

花岗石铺地： Cleveland Marble Mosaic Company

关于本项目更多信息，请访问 ***www.architecturalrecord.com***的作品介绍（Projects）栏目

一个雕塑的、钢骨架的形式，嵌入玻璃片，活跃着开敞的工业化仓库式通高空间。卧室、浴室和一间舰艇室均在其中，这一巨大的红色物什自内透出光亮，仿佛一个灯笼。其内设的浴室，有着树脂的水槽，可隐入一扇铰接的半透明版之后。

建筑师卡桑德拉·费伊把自己命名为“变色龙”的阁楼居室建成了一个表皮会随着光线变幻色泽的巨大灯笼

For CHAMELEON, the architect's own loft, Cassandra Fahey builds a huge lantern, whose glowing skin changes with the light

By Sarah Amelar　**郭磊 译　徐迪彦 校**

澳大利亚建筑师卡桑德拉·费伊（Cassandra Fahey）的第一个作品是1999年她还是个学生的时候设计的。女星帕米拉·安德森（Pamela Anderson）硕大的头像溢满了整个建筑的光亮的蓝色立面，直引得万人驻足。这种颇具叛逆意味的并置，不拘一格地借用了流行文化，供全民共享的媒体符号被拔拂在了私人住宅的公共面上。至于费伊自己的居室，楼体上原有的巨型戴维氏“（DAVEY'S）”字样——每个字母都有3ft之高，横跨过红砖的山墙立面——已然强调了建筑的存在。这栋位于墨尔本北部的2层建筑于1910年最初启用的时候是一个糖果工厂，巨幅的大标题是直到好几十年以后戴维氏“（Davey's）汽车电子”迁进来时才出现的。尽管这个公司在十多年前又迁了出去，孑遗下来的汽车展示厅以及近些时候仓库式通高空间的翻新早已使得这个区域带上了地标性的色彩，也就决定了Davey's这个标志有必要长久地留存下去。

既然外立面不可改变，建筑师便弄出了一个内立面，插在原先的外观后面发散着微光；现在站在街上就可以仰看到二层窗户后几英尺处的一堵发光的、弧线型糖果般红色的墙。和“帕米拉·安德森”立面一样，这个表面保留了公共性，半透明的状态欲诉还休，撩拨着人心，而视线却又总是无法望穿。“香甜的红颜色里面带着些许朦胧的晦暗，这种形式简直像过去这里的糖果工厂制造出来的大棒棒糖那般诱人。”领导着Cassandra Complex这家六人规模的建筑师事务所的费伊这样说道。她显然扬扬自得于她那用多重隐喻和天马行空般的联想堆砌起来的杰作，遂接着补充道：“它同时也是一种个人的怀旧，就像我小时候偶然从姑姑抽屉的一个小盒里找到一块巨大的红宝石——尽管它可能只是一块假宝石。”

登上费伊这个1300ft²的居室，要走过一段笔直的台阶，其踏步竖板是用打孔金属板镶在橘色的丙烯酸树脂上制成的，发出的光亮笼罩着整个台阶。在最上一层的楼梯平台，一扇金色的大门嵌饰着洋红色的丙烯酸树脂圈网格，标示出巧妙掩藏在旧入口后面的新门槛。建筑师把洋红色镶片呈一定角度排布，使其与楼梯的倾斜度相一致，这样一来，这些半透明的圆圈就把室内其他地方照射到的阳光引渡了进来，并在楼梯间斜斜地投射下粉红色的椭圆光斑。

但这扇绚烂的前门才不过是个序幕。在整个居室的范围内，费伊都随性地摆布着光影，改变它们的方向，于是创造出形似棱柱体、多面体等千变万化的折射和反射光束来。这些影像的效果由浅淡而渐趋强烈，直到一个庞然大物蓦然扑入眼帘，便是这个室内最主要的物体了：一个鲜红颜色、宛如雕塑一般的形体，环抱着将近1600ft³的空间，并且自内而外地透射出光芒来。

在建筑师为自己和生活伴侣设计这个居室之前，曾碰巧参观了雕塑家里查德·塞拉（Richard Serra）的一组“扭曲的椭圆”造型。这组造型设在纽约的一个车库内，这个车库经过雕塑家的改造，是专门用来陈列该作品的。庞大的雕塑形体同建筑，或者说是“工业容器”之间的比例关系深深地震撼了建筑师。无论是在空间上还是几何形态上，都可以看出费伊的这个墨尔本项目明显受到了塞拉的影响。那由旧原木桁架构成的开敞式屋顶结构同椭圆造型诞生其间的那个车库如出一辙。不过，在材料和功能上，她的这个红色体量与塞拉的锈铁装置却迥然相异。

费伊的物体以钢骨架连缀起450块大小形状各异、深浅不同的红色和棕色玻璃片。色调较深的集中在底部，以强调该处的曲线。在这个峭立的红墙从四面八方收拢起来围合而成的空间内，建筑师把主卧和两个卫生间安排在主层，客用单元和书房在夹层。在这个大雕塑“容器”的外边，则安排了形状更不规则的厨房和起居室。

费伊的生活伴侣是一个急诊室的医师。他希望他们的家居设计能够体现出标志他职业特征的无穷变数，有时是分秒之隔，便会差之千里。因此，建筑师回忆道，当时她把这个红色的庞然大物想像成了一个抽象的变色龙（对，一个时而让人想起棒棒糖，时而想起宝石戒指，时而想起塞拉雕塑，时而想起灯笼等的翻飞不尽的变色龙）。虽然并不是从严格意义上去模仿蜥蜴，但它的玻璃表皮的确随着光线时时地变化。费伊说：“那是因为每个鳞片，也就是每块玻璃片的走向角度都略微不同，于是奇异的事情就发生了。有时候我们看到一个正穿过街道的人的影子映在玻璃上，渐渐走去消失了，可是过了一小会儿，又在另一片玻璃上映了出来。”

摄影：© JOHN GOLLINGS/GOLLINGS PHOTOGRAPHY

这幢建于1910年的工业用房初为一家糖果工厂，之后为戴维氏汽车电子所用（直到大约10年前）。因为这一街区以之为地标，标志也顺理留下（对页图）。在室内，费伊的旧红柳桉木地板呼应着原初的木屋架（本页图）。

在厨房中，一些墙上是放大的影像片断，出自费伊生活伴侣的儿时录影中。红灯笼将厨房地面渲染上暗红色的光带（上图）。在卧室中（右图）和其他地方，歪斜的镜子强化了日光的效果并改变了其方向。

455块玻璃片，或者说，鳞片，由玻璃夹合彩色胶片定制而成，覆盖了这个红色的“变色龙”。在其夹层，有一间客人卧室和一间家庭室。

打孔金属板之下的橙色丙烯树脂楼梯衬板指向这一仓库式通高建筑金色调并镶嵌光亮品红圆圈的入口大门（左图）。

一间浴室有着棱镜状的镜面层叠的玻璃与玫红胶片的组合（对页图）。

1. 厨房
2. 浴室
3. 客卧
4. 起居室
5. 家庭室
6. 存贮
7. 屋顶平台

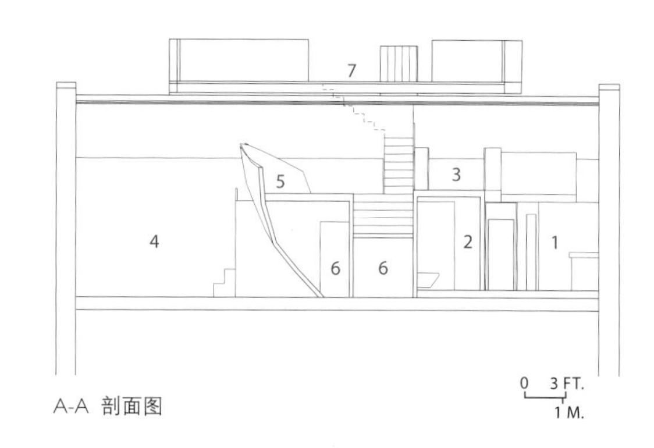

A-A 剖面图

如果说红色玻璃捕捉并重构了外部世界里正在发生的片断，东西墙面上凹凸状的镜子则增强了屋内的日光，弥补了南北两面没有窗户的缺憾。此外更有一条从窗口延伸出来的东西向中央走道，将光线改道射向屋里偏远的角落，更加提升了室内的光照。

还有一些用镜子作道具表演的小把戏出现在两个浴室里，其创意和诗意更胜过智巧的设计。在较小的浴室里，无论是绿莹莹的玻璃片叠成的棱镜、玫瑰色会反光的薄膜，还是平面的大镜子，都让人想起多面的宝石(呼应着笼罩在外面的那颗大宝石)。较大的浴室则嵌入宝石的表面内，明亮的透明面与镜面互为补充，比如定制的水槽那明净轻快的青绿色树脂就使得视线能够畅通无阻地看到水管的排布（由于视觉幻象造成了奇妙的倒置，水槽和浴盆实际上是梯形的，构成的角度源于建筑斜侧的西墙）。

从厨房的窗口可以俯瞰街景，费伊把玩影像的技巧在这里又一次展露无遗。她把从伴侣儿时家庭录像里抽取出来的片断胶片放大，模糊处理后贴在墙壁上。由于故意模糊化，不对焦，图像并没有对空间造成喧宾夺主的态势。不过建筑师提到，“也有我未曾料想到的事情发生。从主卫的盥洗处透过顶棚上的镜子（这面镜子能照出东面墙上的几面镜子，而那几面镜子又向下照出过道的情形）——原本应该什么也没有——却突然会看到米克六岁时候的小脸。”

重要的是，阁楼居室里所有这些小小的惊奇和折中主义的片段看似玩笑，实则连贯有序，决非像游乐园那般的混乱。尽管费伊采用了非常混杂的隐喻（并且骄傲地提到了她的另一个项目，叫做“一个混血儿”），她的居室还是完全达到了建筑上的清楚明晰，并在澳大利亚赢得了好几个奖项。她的设计始终保持着抽象意味（的确，就像一只变色龙），任凭观者解读，决不横加干涉。当最近听到有人对她的方案提出另一种富含隐喻的阐述时，她的反应是：“没错，请便吧。”■

1. 入口
2. 起居室
3. 餐台
4. 厨房
5. 主卧
6. 客卧
7. 浴室
8. 柜子
9. 洗衣
10. 家庭室
11. 存贮
12. 上空

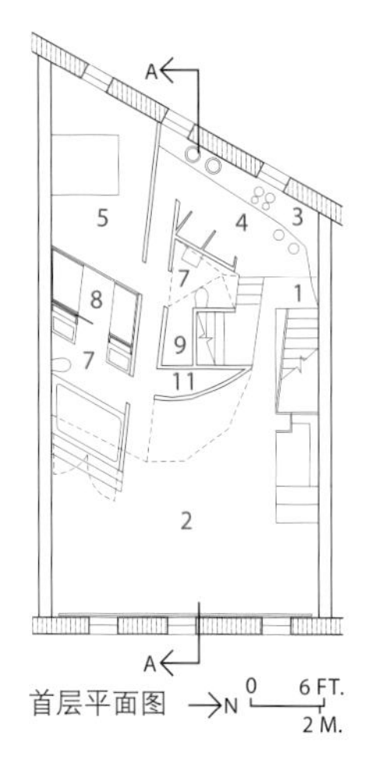

首层平面图 →N 0 6 FT. 2 M.

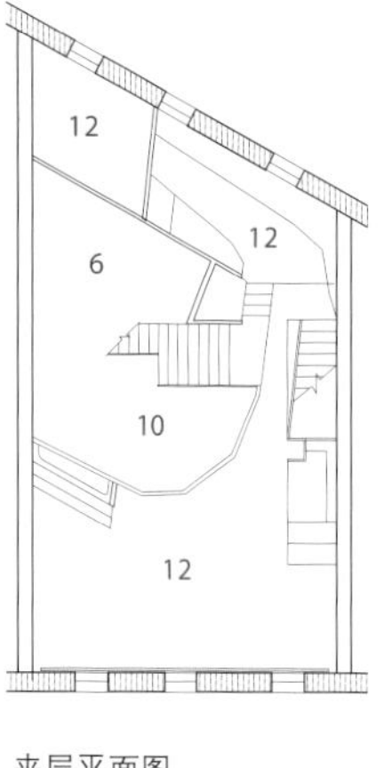

夹层平面图

项目：变色龙，澳大利亚北墨尔本

建筑师：Cassandra Complex事务所——首席设计师卡桑德拉·费伊（Cassandra Fahey）

材料/设备供应商

夹层玻璃：Steven's Glass (定制，夹彩色胶片)

树脂水槽：由James Healy and Peter Scott定制

新的天窗打破现有的盒子，在夜间发光，赋予建筑以生机（上图）。戴利·甘尼克从建筑的主要体量中“爆”出楼梯（下图）。

戴利·甘尼克 把一个飞机试验风洞变成了一个生机勃勃的建筑，从而揭幕了艺术中心设计学院的新校区

Daly Genik turns an aircraft-testing wind tunnel into a dynamic structure, inaugurating ART CENTER COLLEGE OF DESIGN's new campus

By Joseph Giovannini　郭磊 译　徐迪彦 校

马歇尔·杜尚（Marcel Duchamp）以在小便器上签名而出名；他把一个现成物体变成了一个宜于展示的艺术品。而在加利福尼亚的帕萨迪纳（Pasadena），建筑师戴利·甘尼克 (Daly Genik)要面对的现成物，却是一个风洞。圣莫尼卡（Santa Monica）的建筑师把第二次世界大战时期遗留下来的一个庞然大物改造成了一个适于艺术活动的场所，成为学院略具雏形的南校区的第一个建筑。

艺术中心（Art Center），这个孕育出世界上最早的汽车设计师的地方，长期使用着克雷格·埃尔伍德（Craig Ellwood）设计的一栋大楼。这是一个密斯样式的细长如桥样的结构，跨越了帕萨迪纳耸立的琳达景（Linda Vista）山的一个溪谷。这个本质上属于古典主义的建筑在田园式的隔离中表达了一种对于象牙塔的现代主义诠释，体现了一种质朴、理想的建筑美。

艺术中心的会长理查德·柯什莱克（Richard Koshalek）是洛杉矶当代艺术博物馆的前馆长，他始终坚信不渝地认为一个机构所置身的建筑可以塑造一个机构，并且可以阐释它的内涵。五年前初次上任的时候，他就启动了一个建筑项目，要让学院走出山间融入社区，成为一个更大、更醒目的公共活动场所，同时把中心转而面向城市另一头的兄弟院校加州理工学院，并展现出一种友善好客的姿态。这个新的南校区为晚间进修科目而设，此外还有一些研究生美术课程和多种形式的学术和社区拓展项目。在这里，过去用来测试飞机空气动力学的风洞伫立在城市的一个被遗忘角落里林立的闲置工业建筑中间。戴利·甘尼克设想，这个占地9万ft^2，耗资1880万美元的适应性再利用项目将会改变艺术中心的形象，从山上的一只自给自足的精美盒子变成一领裸露的混凝土盔甲。那不封闭、不完全的形体特色使它可以接受不断的修改和不同的再解释。事实上，这里的理念就是，宁要未经加工的原材，不要精心烹制的大餐。

建筑新的公共角色需要与周边的街道有效地呼应，而不是仅仅停留在被动地清理干净原先这个自给自足的庞大体量上。

面对风洞封闭的形式，戴利·甘尼克 用减法来进行处理。在对结构分析讨论后，工作组在厚实的混凝土墙和屋顶上切出窗和天窗来，把光线引入教室和工作室的同时也把建筑这个“盒子”打开，使得项目向街道开放，也让街道更加生机焕发。

通过使外立面变得更加多孔透光，建筑师重塑了建筑在夜间的轮廓。

在历史照片中，为了一次难得的清洗，涡轮被从风洞实验室中移开。

“我们希望一定量的光线从建筑内部逃逸出来，就像灯塔那样。就让天窗和招牌让建筑发光发亮吧。”凯文·戴利（Kevin Daly）说。他是美国建筑师学会的会员。

布鲁斯·毛（Bruce Mau）是一位经常与建筑师合作的加拿大平面设计师。在这个顾问的帮助下，戴利·甘尼克 研制出了一种穿孔不锈钢屏幕来作招牌，并设计出雕塑一般的充气天窗，曲曲折折地穿过屋顶的大部。天窗由两层镀特富龙的聚合体构成，上边印有阳光防护图样，可以随着温度传感器在聚合体隔膜中膨胀或收缩空间来调控阳光的照射。其结果是，随着相对的两层图案调节光线的流入量，天窗呈现出不断变幻的透明或不透明度。这种进光层次的变化，使得这个曾经功能单一而近乎呆板的建筑拥有了公共建筑的明晰。

在努力利用已有建筑的尝试中，戴利回忆道：“理查德[柯什莱克]没有依葫芦画瓢地搬用项目策划，而是寻找到了计划外的机会。他着迷于那些隐而不现的可能性，譬如屋面，可以处理成一个方院，设一个餐厅或咖啡吧，营造出一个半公共的空间。”

利用学校作为教育机构与公共场所的交集，建筑师生生在立面上安上了一架楼梯 直冲屋顶，使人几乎不能抗拒地走到那里去（这就很像弗兰克·盖里20年前在洛杉矶做的Loyola法学院。戴利曾在他那里工作过。）踏步绕着一个按照运送飞机部件的尺度建造，却至今仍未投入使用的升降梯迂回而上，通

项目：艺术中心设计学院南校区　加利福尼亚州帕萨迪纳

建筑师：戴利·甘尼克（Daly Genik）—Kevin Daly（主建筑师，美国建筑师学会会员）；Tomaso Bradshaw（项目经理）；Victor Agran, Susan Benningfield, Krystal Chang, Jerome Christensen, Ian Ferguson, Christopher Genik, Adela Ho, Josh Kenin, Mi Sum Lim, Brian Rieff, Thomas Robinson, Chia-Hung Wang, Jared Ward, Aaron Welton, Brian Wickersham（项目团队）

Joseph Giovannini为驻纽约的评论人与建筑师。

充气天窗（上右图）由两层镀特富龙的聚合体构成，上印阳光防护图样，曲曲折折地穿过有植被的上人屋面。阳光防护图样可随温度传感器在聚合体隔膜中膨胀或收缩空间来调节阳光的照射。建筑的室内没有严格的功能划分，它接受变化，鼓励系所更动（上左图）。

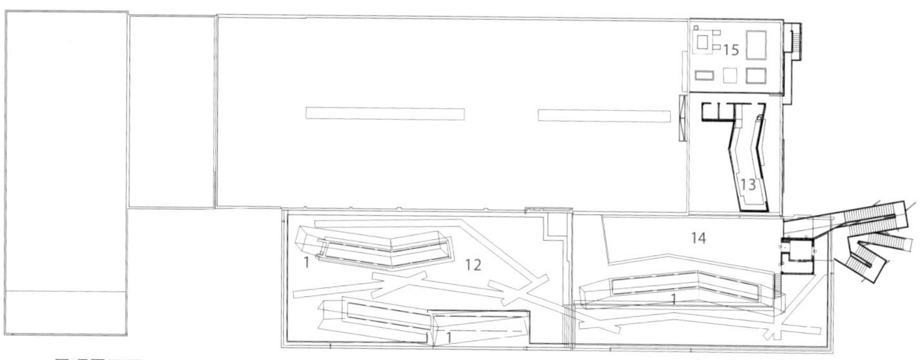

屋顶平面图

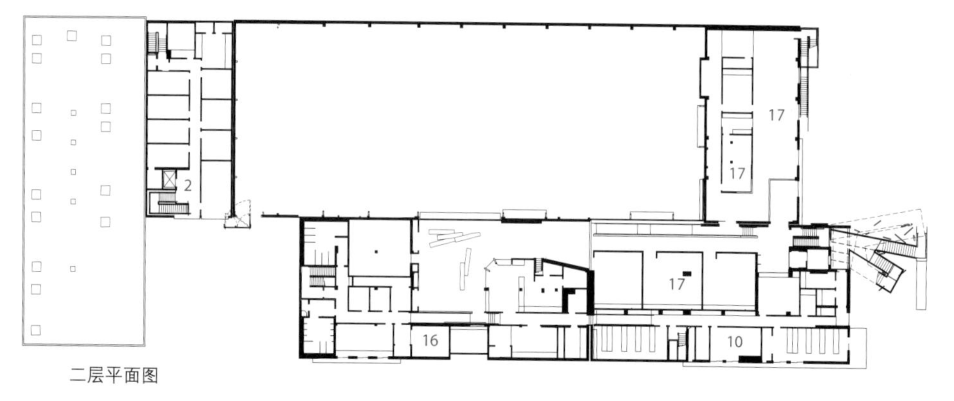

二层平面图

首层平面图

1. 天窗
2. 美术硕士工作室
3. 公众活动空间
4. 美术院
5. 录像艺廊
6. 录像编辑
7. 艺廊
8. 印刷实验室
9. 原印刷实验室
10. 计算机实验室
11. 设计实验室
12. 屋顶花园
13. “未来”咖啡厅
14. 广场
15. 设备
16. 会议
17. 管理

建筑外观昼夜交替变化，天窗的雕塑形态在白天亦是不可忽视的存在（左图）。其内，高高的顶棚与多半自顶而下的充沛的日光（下图）创造出适宜艺术工作室的明亮空间。

到圣莫尼卡景观建筑师南希·戈斯里·鲍尔斯（Nancy Goslee Powers）设计的一个景观平台，他可是处理公共机构项目的一名老手。

在这里，棱角分明的天窗时隐时现地穿梭在本地出产的草皮中间，好像音乐的即兴反复部分。支撑楼梯的柱子，其任意的角度让人想起撒落的一把筷子。这是建筑中惟一一处带修辞色彩的添加，如果没有它，整栋建筑恐怕就显得节制有余、华美不足了。

风洞这个独特的建造体给了建筑师一个强有力的起始点。他们对原作保持了充分的尊重，因此改造的动作总是轻柔，并且用喷沙的方法，传达出原作粗豪的材质特性和强烈的体量感受。不过戴利·甘尼克 并不是仅仅清理了现存的结构，温和地抹去上家遗留的痕迹，而是对建筑进行了显著而战略性的增补，给它注入了能量，使这个新的校园成为了一个朝气蓬勃的都市存在。晚上，建筑发出光辉；白天，天窗新的多边形突出结构和外立面的阶梯则使得旧结构沉默、厚重的形态显得活泼有生气。

埃尔伍德（Ellwood）的艺术中心校区，尽管是国际式、密斯式，却仍然没有脱离出严格的古典主义完美性和无可指摘的细部处理的条条框框。戴利·甘尼克则全然不同，他洞开了一块混凝土的巨石，把它变成了一个形式灵动的外壳。建筑师把原建筑当作一个松散的矩阵来看，很轻松地把可变与可适应性项目嵌在一起，保持了自由空间的不确定性与灵活性，以便将来的使用者依照自己的意愿重新定义这些空间的功能。相同地，室内设计也不希望被解读为最终完成的作品，而是始终面向重置和系统性的改变开放。

建造和策划过程都是一种松散的整合。建筑师、工程师、平面艺术家和景观建筑师之间的协作不会导致过度设计。方案那谦逊而率真的随意性给学生自身创造力的发挥提供了保证。从母结构中移除开来后，艺术中心就脱离了那种精细美感的桎梏，戴利·甘尼克 也因此得以建起一个强有力的后古典主义范例。■

材料/设备供应商

天窗：Foiltec; Super Sky Products
电梯：Kone
窗：Miller Metal Specialties; C.R. Lawrence
遮阳：MechoShade
屋面：Sarnafil, Gaco-Western (composite green roof system)
照明：Prudential Lighting; B-K Lighting

关于本项目更多信息，请访问***www.architecturalrecord.com***的作品介绍（Projects）栏目

1952年由SOM设计的位于公园大道和第53街的玻璃与不锈钢幕墙的利华大厦已经激进的整容，它的大堂和外部广场区域（对页下图）均已装整一新，植物也已重新种植。

分析：纽约利华大厦的修复不是所谓老调重弹，正如建筑师SOM和威廉·T·乔治斯所证明的那样

ANALYSIS The restoration of New York City's LEVER HOUSE is not so same-old same-old, as architects SOM and William T. Georgis demonstrate

By Suzanne Stephens 胡沂佳 译 孙田 校

"原真性"已经成为描述各种各样保存旧建筑努力的操作性术语。然而它的含义仍难以捉摸，这在很大程度上归因于修复和适应性再利用的技术改变。纽约利华大厦最近的修复，涉及对其著名的玻璃与不锈钢幕墙的激进整容，"原真性"这一话题再一次浮现。不管最终幕墙效果与原始外观有多相近，用一种崭新的、改良的形式整体替换原始表皮合理吗？玻璃与原始外观一致，泛绿、单层，但现在的玻璃已不再是退火玻璃，而是热硬化(heat-strengthened)玻璃。部分玻璃之下的碳素钢幕墙结构经过除锈和防锈喷涂保留下来，同时，一种铝质幕墙构造系统投入使用。尽管如此，韦恩·柯蒂斯（Wayne Curtis）在《保护》（*Preservation*）杂志（2002年9～10月期）中质疑，这岂不是好比在一个巴洛克教堂中以"专威特"（Dryvit)取代原本的灰泥装饰吗?

争论的焦点在于我们是否应以修复——譬如说——石工建造的古老教堂的标准来判定修复现代主义建筑方法的原真性。自从最近人们开始认为现代主义建筑有资格被指定为标志性建筑以来，这个问题也愈发使人烦恼。而由SOM建筑事务所（Skidmore, Owings & Merrill）的戈登·邦沙夫特（Gordon Bunshaft）设计、1952年竣工的利华大厦是现代主义建筑群中最早的被"拯救"者之一。在开发商菲舍尔兄弟公司（the Fisher Brothers）买断利华大厦租约并计划拆除的威胁之下，纽约标志性建筑保护署（Landmark Preservation Commission, LPC）于1983年指定这个有着31年历史的24层大厦为历史性的标志性建筑。杰姬·奥纳西斯（Jackie Onassis）和菲利普·约翰逊（Philip Johnson）设法集结力量来为这一指定而斗争，吸引了那些此前将历史建筑保护者打发为一群穿网球鞋的蓝发妇人的建筑师们来关注他们的理想。

摩天楼史的一席之地

尽管按摩天楼标准来说不高，但利华大厦是纽约城中建成的第一座国际式风格办公楼。当然，菲利普·古德温（Philip Goodwin）、爱德华·都瑞尔·斯通（Edward Durell Stone）的现代艺术博物馆(MoMA)1939年建成，华莱士·哈里森

摄影：© WHITNEY COX (右下图与对页图)；EZRA STOLLER/ESTO (右上图)

项目：利华大厦幕墙更换及修复

业主：RFR控股公司

外墙顾问，本地合作工程师：戈登·H·史密斯，职业工程师

建筑设计顾问：SOM，David Childs，美国建筑师学会资深会员、首席设计合伙人；T.J. Gottesdiener，美国建筑师学会会员，主管合伙人；Carl Galioto，美国建筑师学会会员、技术合伙人

室内建筑师，大堂修复：William T. Georgis，美国建筑师学会会员，负责人

景观设计师：Ken Smith

威廉·T·乔治斯（William T. Georgis）负责室内修复，他设计了大堂里由白色皮革、不锈钢制成的椅子和羊毛地毯上的不锈钢玻璃桌子（上图）。胡桃木和不锈钢制成的礼宾桌比原来由雷蒙德·洛伊（Raymond Loewy）设计的很久之前移走的桌子要大。短期借展的野口（Noguchi）的雕塑现在又重新安置在了大堂和室外广场上。

（Wallace Harrison）和他的团队设计的联合国秘书处1950年建成，都要先于利华大厦，但利华毕竟是一座全玻璃包裹的办公楼，由一家肥皂公司立起，作为现代卫生的标志。委托人查尔斯·拉克曼（Charles Luckman）是完美的：在升任利华兄弟公司（Lever Brothers）总裁之前，他接受的是建筑学教育。

利华大厦有完全不同以往的城市形态：底层结合入一个广场，部分为柱子之上的1层高的水平板所遮蔽，它还利用了当时几乎未用过的区划规定，即办公楼如只占地25%，则其高度不受限制。它延伸出曼哈顿传统的高层办公楼婚礼蛋糕轮廓之外的另一种选择，前者为1916年区划规则的产物。薄薄的(8700ft^2)楼层板，中等的高度，利华大厦的建筑面积仅仅8倍于场地面积。但利华兄弟公司并不在乎由未建的楼层空间或地面层商铺所增加的租金。

利华大厦“要有光和空气”的著名信条日后在1958年建成的密斯·凡·德·罗（Mies van der Rohe）设计的位于公园大道斜对角的西格拉姆大厦上得到了充分体现。到1961年，区划转向于鼓励这种“塔楼+广场”的概念，不久之后城市的其他地方也纷纷效仿，尽管不如利华那么成功。

舞台上新来的表演者

不管它的历史意义如何，利华大厦还是显出经年老损。很明显，

摄影：© EZRA STOLLER/ESTO（下图）；WHITNEY COX（上图与对页图）

1952年的幕墙技术无法继续（参考第52页边栏）。在利华兄弟公司，也就是现在的联合利华1998年离开曼哈顿搬往康涅狄格的格林尼治之后，RFR控股公司作为新业主持有了利华大厦99年的租约及其空权(air rights)。尽管纽约标志性建筑保护署在1996年就批准了联合利华提交的SOM制作的翻新（renovation）方案，RFR控股公司还是承诺进行一次敏感的修复（restoration）。RFR控股公司雇佣了工程师戈登·H·史密斯（Gordon H. Smith）进行幕墙深化设计，而SOM则作为设计顾问（尽管采暖通风与空调系统不需大修，RFR控股公司还是在必要的地方做了特别改动）。

之后RFR控股公司聘用了年轻的建筑师威廉·T·乔治斯修复和再设计大厅和电梯轿厢，并且让他来协调室内外空间的设计。乔治斯曾与RFR及其两位负责人阿比·罗森（Aby Rosen）和迈克尔·福斯（Michael Fuchs）有过一些室内委托项目的合作，诸如建筑大堂和私宅。他希望保留原有空间那种20世纪50年代的灵晕而不进行“大肆重建”。但是大厅里原有的雷蒙德·洛伊的室内设计已经不见踪影，只有照片可以利用，连图纸也没有（洛伊为高级官员设计的奢华的现代主义办公空间仍在二十一层，这是一个完美的时间舱体：利华在此有4层的前哨地）。

乔治斯设计的整洁、平滑的大堂家具是简单、苗条的：礼宾台由浅胡桃木

中年现代主义偶像焕新颜

当SOM戈登·邦沙夫特(Gordon Bunshaft)50年前设计利华大厦时，幕墙技术方在其婴儿期。数十年的进展之后反观利华大厦，玻璃表皮仍不失精致，但其性能终究已局限于20世纪50年代的技术。

如果肥皂制造商希望投射一个“清洁”的形象，那么，建筑上的透明是表达方式之一。《工程新闻实录（Engineening News Record）》于1952年5月1日刊有评论，若非援引建筑师关于这一封闭围护结构更加省钱的声明，则多半是平淡无奇的。建筑师们辩称，可开启扇户安装费用更高，而固定玻璃隔绝尘垢——1950年空气中尘土更多——可降低室内清洁频率。

固定玻璃也降低了供暖和空调的花销。纵然无法满足今天的标准，利华大厦淡绿色调的玻璃确实降低了普通透明玻璃一般的增热（阳光增热系数0.60）。由匹兹堡平板玻璃公司（今天的PPG Industries）开发的这种创新的Solex玻璃亦减少了室内照度（77%可见光传播）。由此可见，这种玻璃适合大面积的玻璃建筑。因为直到第二次世界大战后，着色玻璃产量都是有限的，据报道，直到利华大厦1952年竣工，这种玻璃才既被作为设计元素，又被用于环境调控。

建筑师知道，碳钢的窗棂会锈蚀，锈蚀的时候会体积膨胀，体积膨胀会造成玻璃的碎裂。所以，设计师加上了16号厚度的不锈钢窗棂盖，并密封住节点。几十年来，潮气渗入系统，玻璃开始脱裂。到SOM受雇修复这一表皮的时候，原初的玻璃几乎无一保持完好。

层间板亦是夹丝强化的玻璃。本来，层间板囿于当时的玻璃尺寸，分为两块。现在，造浮法玻璃可扩大单块玻璃的尺寸。SOM1996年的层间板修复细部重复了原初的设计：两片玻璃由一根竖棂连接。新的业主雇请了幕墙顾问戈登·史密斯（Gordon Smith），他修订了SOM的图纸，层间板成为单片玻璃，而表面上一根非结构性的竖棂则被用于维持原初的比例。“重建1952年的层间板细部会使人工成本加倍，并需要两倍的节点”，史密斯说。除此之外，SOM与史密斯都同意，没人会看出不同。

虽然恢复和替换立面的过程极为单调乏味，它并不比建造一层新表皮更复杂，因为原初的外墙本是精心设计的。在任何可能的地方，史密斯坚持原初的碳钢须除锈，刷上高性能涂漆，然后重新使用。他还添加了新的铝制辅助系统以防止潮气渗入碳钢。所有的不锈钢封盖都被替换了，因为史密斯认为在维修期间去除、编目和存放这些封盖过于价昂。这一结果可为日后维护现代主义建筑树立先例。

(Sara Hart 著　孙田 译　钟文凯 校)

夹丝玻璃层间板最初由完整的窗棂分成两部分，而现在则在玻璃板上附加了一个非结构性的竖棂（上图、左图）。免去了环保节能条例的要求，因而可以安装相同的单层玻璃。

摄影：© FLORIAN HOLZHERR

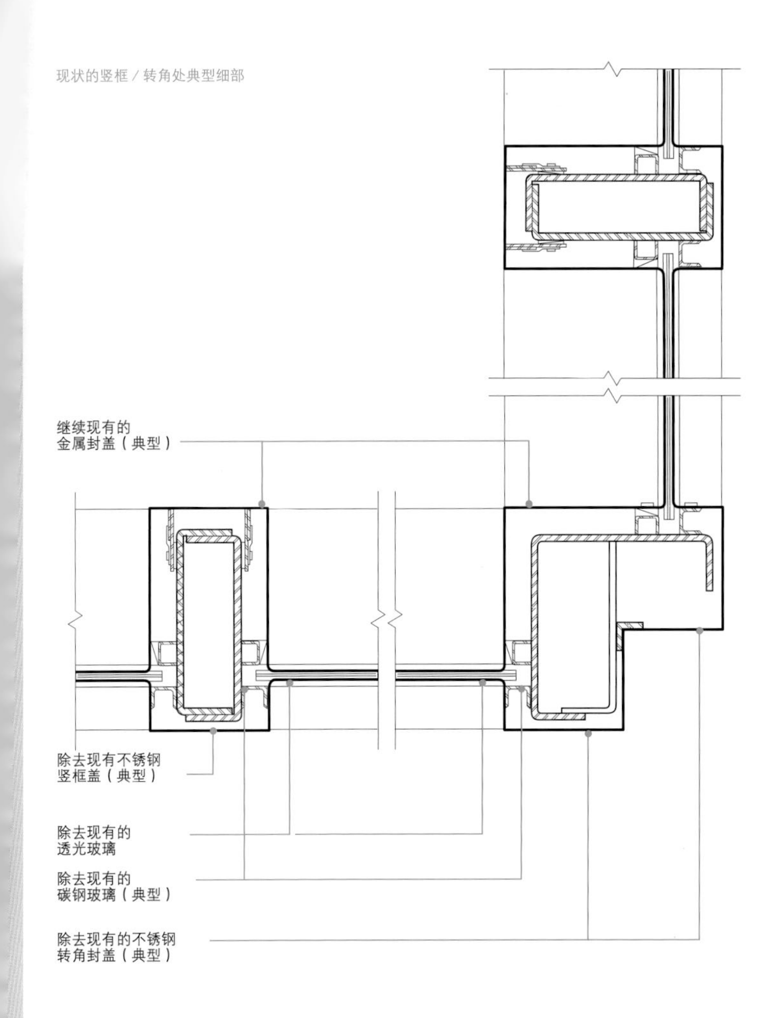
现状的竖框／转角处典型细部
继续现有的
金属封盖（典型）
除去现有不锈钢
竖框盖（典型）
除去现有的
透光玻璃
除去现有的
碳钢玻璃（典型）
除去现有的不锈钢
转角封盖（典型）

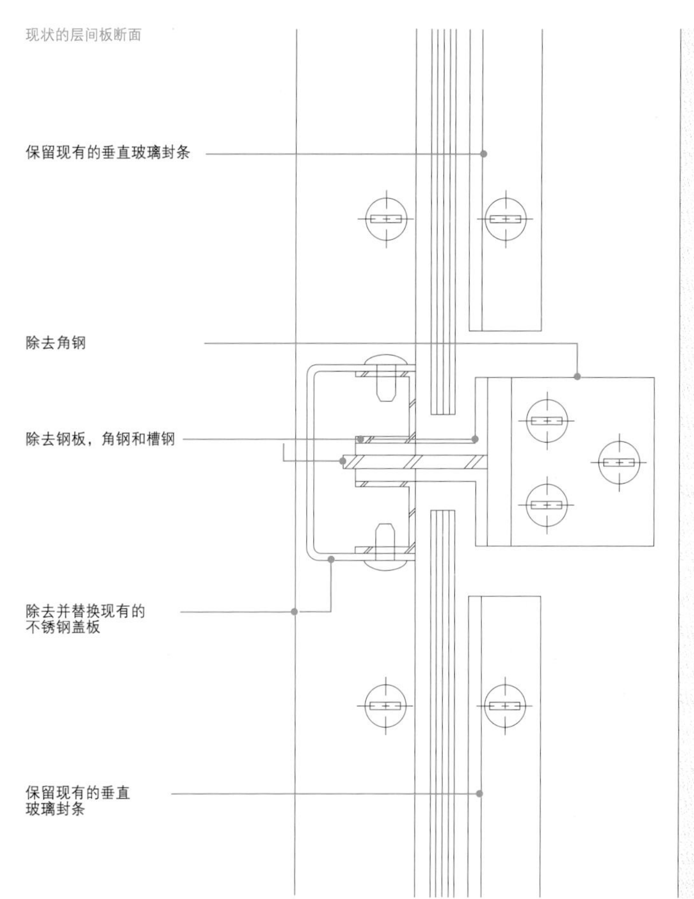
现状的层间板断面
保留现有的垂直玻璃封条
除去角钢
除去钢板，角钢和槽钢
除去并替换现有的
不锈钢盖板
保留现有的垂直
玻璃封条

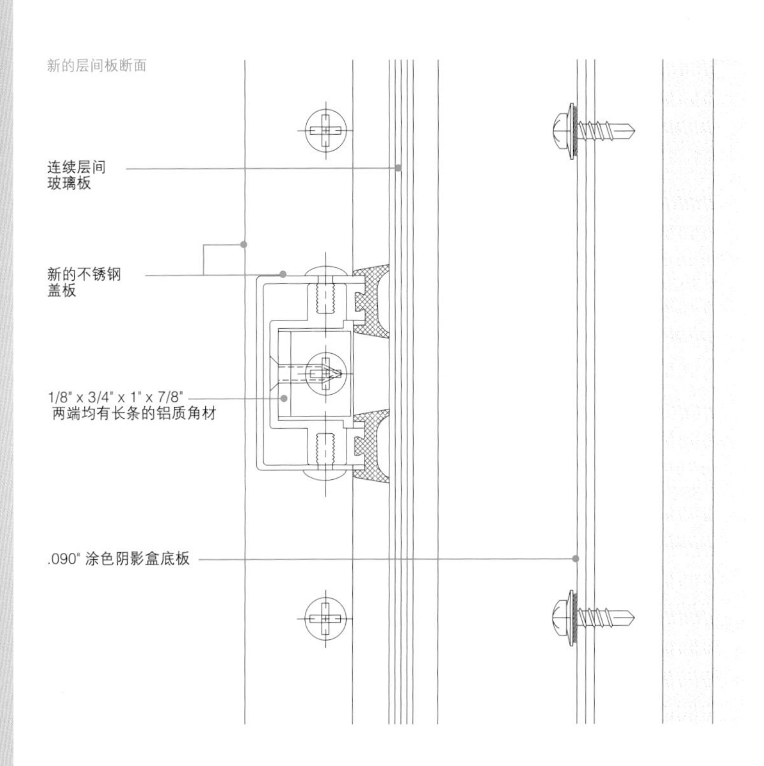
新的层间板断面
连续层间
玻璃板
新的不锈钢
盖板
1/8" x 3/4" x 1" x 7/8"
两端均有长条的铝质角材
.090" 涂色阴影盒底板

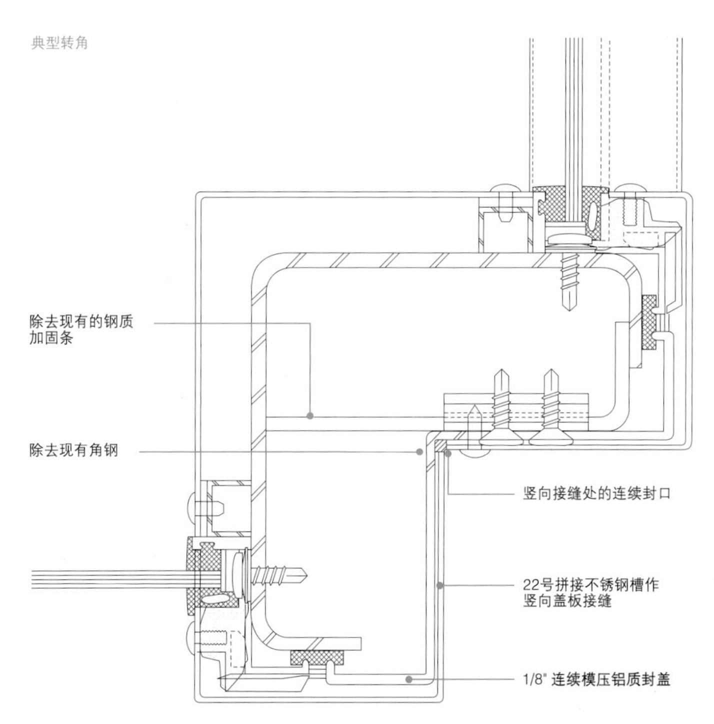
典型转角
除去现有的钢质
加固条
除去现有角钢
竖向接缝处的连续封口
22号拼接不锈钢槽作
竖向盖板接缝
1/8" 连续模压铝质封盖

乔治斯将地板、顶棚、墙表复原，包括电梯厅背面的黄色马赛克墙。艺术策展人理查德·马歇尔（Richard Marshall）布置了野口勇（Isamu Noguchi）的雕塑展，正如大堂（上图）和北部入口广场（对页图）里看到的。今年春天，伦敦的设计师马克·纽森（Marc Newson）所开的位于大厦南端的酒吧将开业。

和拉丝不锈钢制成，饰以搪瓷钢板；座椅由白色皮革和钢制作；而咖啡桌由玻璃和钢制成。就像乔治斯（Georgis）指出的那样，座椅为L形，桌子基座平面亦然。“我们需要一点标识的意思，”他说，“但我们尽力使它保持其微妙感。”通过和照明设计师约翰逊·施温哈默（Johnson Schwinghammer）的合作，乔治斯还在现有的顶棚开口之内设计了新的照明和固定艺术品的灵活基座。

高达6000万美元的修复费用，加上未透露价格的租约，意味着RFR控股公司需要相当高的租金（每平方英尺65～80美元），并且在修复期间只能使用部分空间。为吸引租客，RFR控股公司想到广场和大厅空间应该更具活力。即便利华大厦公共空间在当时是个激进的概念，然而事实证明，它的广场基本闲置——被批评对街道生活贡献甚少。早先，邦沙夫特已和雕刻家野口勇就底层开放空间进行了设计。然而，这一方案从未实现，最终，SOM提供了底层和三层露台的种植设计。

随着景观设计师肯·史密斯（Ken Smith）、五角设计（Pentagram）的平面设计师迈克尔·贝鲁特（Michael Bierut）和艺术策展人理查德·马歇尔的出现，这种状况或许能有所改观。肯·史密斯的动力是为了实现野口的方案，

摄影：© EZRA STOLLER/ESTO（左下图）；WHITNEY COX（上图与对页图）

包括制作那些已经为当时这个空间设计的雕塑。但野口基金会（the Noguchi Foundation）对在野口身后重新再造他的作品不太赞同。取代这个想法的是，通过和马歇尔的合作，这个基金组织决定以短期出借展品的方式在利华大厦陈列其藏品。除此之外，野口设计的有着黑白两色、方圆各异的户外大理石座椅的方案也随之实现。而三层露台绿化经重新种植，亦实现了其当年计划的面貌。就贝鲁特的工作而言，他发展了标识符号，包括一种叫作“利华无衬线（Lever Sans）”的字体，出自利华大厦颂扬碑刻上的字母。

遵循着实现的和未实现的意图之精神，RFR和它的团队带回了利华大厦原初的光彩，并丰富了底层的空间。

那么这原真吗？在《保护》杂志的文章中就这个问题经过一番争论之后，韦恩·柯蒂斯得出结论，说人们需就原真性问题将现代主义的以机械建造的建筑和手工一类的建筑分开考虑。这种观点易为人接受。但最重要的是，就像常理说的：“关键不是看你做什么，而是看你怎么做。”在这里则指的是对材料、细部和相对于旧物的新元素比例的质量标准和关注。“阿比·罗森在这个项目上贯彻了非比寻常的细部标准，”乔治斯说。RFR控股公司看起来已被其新形象所吸引：收购利华大厦之后不久，RFR控股公司又获得了西格拉姆大厦，愈加光大了这家公司收集高品质的现代主义标志性建筑的声誉。现在，利华大厦即将迎来其51周年纪念日，它证明了以最现代的（例如：最新的）方式进行“原真性”的修复工作是有价值的。■

材料/设备供应商

透明玻璃、层间板： PPG

不锈钢、铝质幕墙： Flour City Architectural Metals（已解散）

礼宾桌： VCA-Volz-Clark

大堂椅子： La chaise de france; Raredon Resources

桌子： Raredon Resources

地毯： Patterson,Flynn&Martin

有关本项目相关人员、产品的相关信息，请访阅 ***www.architecturalrecord.com***的作品介绍（Projects）栏目

流水别墅旁的谷仓
美国宾夕法尼亚州“磨跑”峡谷
The Barn at Fallingwater　Mill Run, Pennsylvania

Bohlin Cywinski Jackson事务所采用创造性手法改造西宾夕法尼亚州自然资源保护组织的一个旧谷仓

By James Murdock　董艺 译　徐迪彦 校

建筑师： Bohlin Cywinski Jackson事务所——John C. Jackson美国建筑师协会会员、主任设计师；Roxanne Sherbeck，美国建筑师学会会员 、设计经理；Sarah Drake，美国建筑师协会会员 、项目经理；Michael Gwin, Li Chuin Toh, Maria Velisaris, Kai Vern Tang, Jarrett Pelletier，设计团队成员

委托方： 西宾夕法尼亚州自然资源保护组织

工程师： Atlantic Engineering Services（结构）；H.F. Lenz (m/e/p)

顾问： Marshall Tyler Rausch（景观建筑师）

总承包商： Clearview Project Services

规模： 占地面积5000英亩，建筑面积1.2万ft^2

耗资： 未知

竣工日期： 2003年

材料/设备供应商

平行木框条： Trus Joist/Weyerhauser (Parallam)

木材、玻璃窗及门： Marvin

麦秆墙板： BioFab

橱柜和镶嵌用向日葵籽生物合成板材： Phenix Biocomposites

室内环境照明： Zumtobel; Spero Electric

关于本项目更多信息，请访问***www.architecturalrecord.com***的建筑类型研究（Building Types Study）栏目

从赖特作于1937年的经典“流水别墅”上行四五百码，就是谷仓的所在，虽然单就名字判断，两者地理上的距离好像应该更近一些。从视觉上来讲，谷仓风格与赖特的美学也有些差别。这两栋建筑现在共同的主人——非盈利性的西宾夕法尼亚州自然资源保护组织把谷仓委托出去进行改造之时，一样是要求和限制多多。不过无论怎么说，两者确有相似之处。不管是流水别墅，还是别墅旁的谷仓，都和自然合为一体：只不过一个是通过设计，另一个则是利用材料来实现这种和谐统一。

计划

西宾夕法尼亚州保护组织的保护范围遍及流水别墅周边方圆5000英亩的土地。虽然这个组织在该地区和匹兹堡都拥有办事处，但仍需要更多的办公和会议空间，此外还希望拥有一些从主干道上就可以望见的可用于展览的区域和一个零售商店。

起初，这个组织认为只有另起一栋新建筑才有可能满足这些需求。可正是由于后来考虑到组织的宗旨是保护自然风光，组织的成员觉得突然冒出个不速之客确乎令人不快，便决定还是改造一个邻近的谷仓以充其用。

“流水别墅旁的谷仓”实际上是嵌入山坡的两个结构：一个较大，2层，约建于1870年；另一个是 20世纪40年代的加建部分，较小，仅1层。由于谷仓是乡村风物，而乡村景色在整个宾州已渐渐难觅其踪，西宾夕法尼亚州保护组织便决意重建此谷仓富有标志性的贮料垛。

James Murdock为驻纽约的建筑作者。

解决方案

Bohlin Cywinski Jackson事务所在揣摩如何处理旧谷仓主空间的时候，颇有一番踌躇。这是一个5000ft^2的大屋子，因为坡度的关系而使入口位于后部。来自匹兹堡工作室的建筑师Roxanne Sherbeck和Michael Gwin（两人都是美国建筑师协会会员）原计划将零售商店置于该层，但随即便放弃了这一计划，原因是这样一来就不得不在正立面上添加一个大体量的入口。还好，委托方对于开辟商店的想法并未十分坚持。

商店计划一旦放弃，建筑师顿感豁然开朗：何不索性将这个巨大的空间原封不动，用不雕饰、不绝缘的墙板来维持其谷仓风味，还顺便确保了空气与光线的流通无阻？这个方案意味着将来业主可以把该空间出租出去，或举行婚礼，或举办会议，或搞其他形式的活动，从而给组织增加大笔意外之财。同时，建筑师又掏空了其下一层作行政办公及储藏之用。较

摄影：© NIC LEHOUX，除去建筑师提供的（本页嵌入图）

一座改建于1870年的谷仓（对页嵌入图）与20世纪40年代的加建部分被转化为西宾夕法尼亚州自然资源保护组织的办公与会议中心。它邻近赖特位于熊跑的流水别墅，其原初结构的体量完整无损（右图）。建筑师在其西立面增加了可调节的木百叶。立面（端头右图）与棚架为房前步道遮荫（下图）。

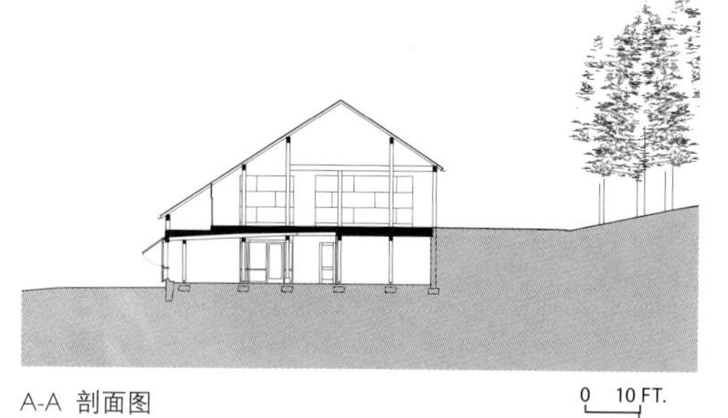

A-A 剖面图

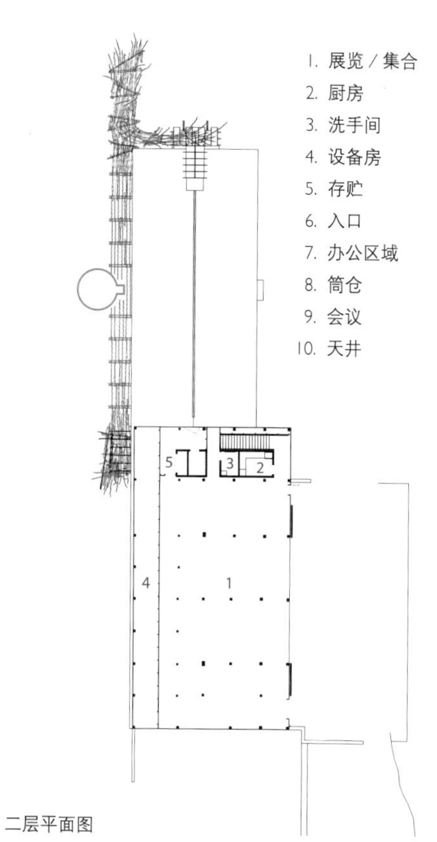

二层平面图

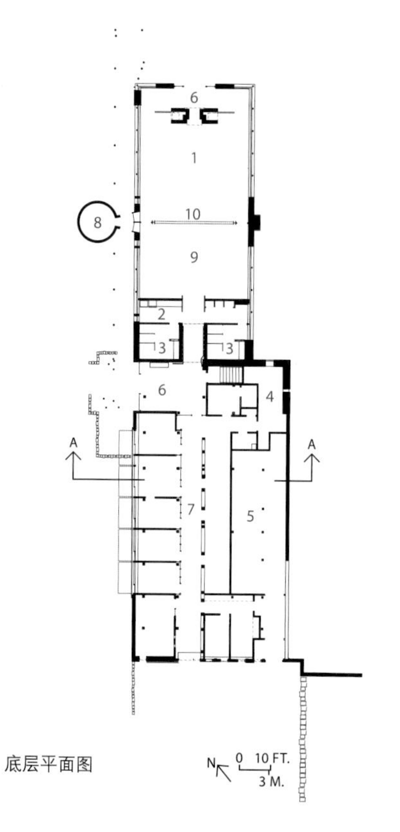

底层平面图

为不破坏谷仓上层空间的特点（对页图），诸如粗大的木条、榫卯框架，这一空间保留原样，自然光由墙板的缝隙流入。防火干草垛板材（左图）依楼梯而立，而当地的散石则被用于在20世纪40年代的加建中建造大的壁炉墙面（下图）。

小的那栋附加建筑，过去是个挤奶场，现在则容纳了数间会议室兼展览厅。

谷仓的许多环保因素为它赢得了AIA/COTE绿色工程奖，同时有望获得LEED银质证书。例如，墙体由捆扎成2in厚的麦秆束构成，枫木地板则是从一个拆除工程中抢救出来的。其他的环保特征还包括数架地热井和一个零泄漏废水处理设备。

注释

这个几乎未予改造的巨大空间曾经被认为是项目存在的一个问题，现在却恰恰成了它的卖点。四扇尺幅超大的门在温热的季节里会完全打开，使得东墙几乎等于不存在。甚至在阴雨天，光线也可以经由墙板的缝隙滤进室内，跳跃在平滑的地板上，整个空间便都笼罩在一种神秘的光华里。

折中的选材方案也为会议室保留了几分谷仓风味。材料承包商重新利用了顶棚的雪松木厚板，单单是把他们移用到了墙面上。光滑的陶制护墙板也被显露出来，正是过去这里作为挤奶场的遗存。

行政办公室相对流于平凡的材料选择使它成为与谷仓美学风格相异的惟一部件。幸而建筑师为它加上了一排木质天窗，从而冲淡了其新增的窗户给外观带来的不协调的视觉冲击。不过，在给正面的走道设计凉棚时，建筑师的思维显然走快了一步。用月桂枝搭建起来的这个格栅最终当然会爬满藤蔓，可是在当下，这个绿色梦想却只有一片空白，生硬地立在那里。■

东方餐饮酒店　德国 汉堡

East Hotel Restaurant　Hamburg, Germany

乔丹·莫泽尔将老城区中一个破败的铸造厂改造成了一个新潮的餐饮与住宿场所

作者：Farhad Heydari　胡沂佳 译　徐迪彦 校

建筑师：乔丹·莫泽尔&合伙人建筑事务所——乔丹·莫泽尔(Jordan Mozer), Jeff Carloss, Beverlee Mozer, Tim Schwarz, Matt Winter, Larry Traxler, Adam Otscheretiany, 项目团队

本地合作建筑师：总体规划设计+克雷耶&合伙人——托马斯·克雷耶(Thomas Kreye), Edgar Stofferson, Katrin Wagner, 项目团队

顾问建筑师： Udo Ulrich（厨房平面设计）

管理团队：克里斯托弗·施特伦格（餐厅开发商）；马克·希尤纳斯（酒吧开发商）；Anne Marie Bauer（酒店总经理）；托马斯·克雷耶（地产开发商）

施工图设计：克雷耶&合伙人建筑事务所

场地规模：250座（餐厅）；70座（酒吧）；20座（大堂酒吧）；50座（司木露休闲酒吧）；33座（小布袋休闲酒吧）；客房77间

竣工日期：2004年11月

材料/设备供应商

家具与照明：乔丹·莫泽尔&合伙人建筑事务所定制及装配

烟熏橡木地板：贝姆比-帕克特（Bembé-Parkett）织务

地毯：玛士兰（Masland Contract）

关于此项目更多信息，请访问***www.archrecord.com***的建筑类型研究（Building Types Study）相关内容

总是被海风或是连绵的雨水所困扰的汉堡是德国最灰暗，也或许是最沉闷的城市。针对这一点，建筑师们采用带棱角的钢化玻璃立面来装点城市的中心，以捕捉周游不定的日光，并借由室内敞亮的走道来增添建筑物的活力，使人们即使不必冒着“风险”步出室外，也足以享受自然的恩赐。无怪乎这座欧洲的第二大港口城市已经在某种程度上变成了一片试验场，设计师们在此尝试用丰富多变的内部空间来补救单调乏味的城市背景。

继设计了旧金山的柏树俱乐部和拉斯韦加斯的蜜露酒吧等一系列极具视觉冲击力的餐厅之后，芝加哥的设计师乔丹·莫泽尔（Jordan Mozer）正在汉堡刻画下他的痕迹。他的东方酒店实现了对一座砖质铸造厂房前卫却又俏皮的改造。该厂房位于汉堡声名狼藉的雷佩尔红灯区，离披头士乐队成名的酒吧仅两个街区之隔，自2004年11月开业以来，吸引了一群又一群排着长队谋求一醉的狂欢者。

这个酒店是莫泽尔和汉堡餐饮酒吧集团Gastro咨询公司继Herzblut项目完成后不久进行的第二次合作。Herzblut酒吧新落成的时候也曾引起了相当大的轰动。

居于汉堡的Farhad Heydari 为《时代》及其他出版物撰文。

摄影：© DOUG SNOWER, 除非注明；MARTIN SHEENAN（本页图）

策划

面对正在迅速贵族化的圣·泡利区的一座废弃的旧厂房，莫泽尔要做的是营造起一家拥有77间客房、数间休息室和酒吧，以及一间融会欧亚风格餐厅的精品酒店。由地产开发商托马斯·克雷耶（Thomas Kreye）、餐饮企业家克里斯托夫·施特伦格（Christoph Strenger）和酒吧开发商马克·希尤纳斯（Marc Ciunas）组成的项目委托方要求建筑内部空间具有舞台一般的效果，以招徕汉堡消息灵通的夜猫子们，他们将弥补活动于大众场合的名流们留下的空缺。

解决方案

莫泽尔的第一步是打通了旧厂房正中间由拱形砖砌而成的四个开间，拓出一个35ft高的空间，用四组28ft高的玻璃门与后院相连。12间客房在这个巨大的中心区域上方错层分布，院子后面新起的大楼里则设置了65间客房、一个屋顶水疗馆和60个地下泊车位。旧厂房两侧各造起一栋新的办公楼，上方则悬浮着一个2层的玻璃-钢桁架结构，它是酒店的会议室。

为了使250座的主用餐区更显活力，莫泽尔设计了一系列体态丰盈、有着波浪般起伏曲线的柱体和一堵充满律动感的新立体派石膏墙，墙体开口处通向一部分较为私密的用餐空间，这部分空间嵌入了一个有着喷砂饰面的砖体结构——这里过去曾经是工厂的地窖，现在已经是酒店的餐饮层了。这些元素相辅相成，创造性地构成了一部四重奏。从餐饮层拾梯而

餐馆位于街道之下一层，由旧铸造厂内拓出的一个35ft高的空间内。新的办公楼就像书镇一样钳住铸造厂两端，同时一个钢桁架结构高悬于厂房上空，它是会议空间（对页图）。

在齐平街道的底层，莫泽尔创造了一系列不同个性的空间。在小布袋休闲酒吧（左上图），莫泽尔用色彩斑斓的毛绒材质营造出轻快的氛围，而大堂酒吧（右上图）则通过新与旧的对比构成反差强烈的前卫风格。

1. 大堂
2. 登记处
3. 酒吧
4. 餐馆
5. 小布袋休闲酒吧
6. 花园（下图）
7. 客房
8. 司木露休闲酒吧

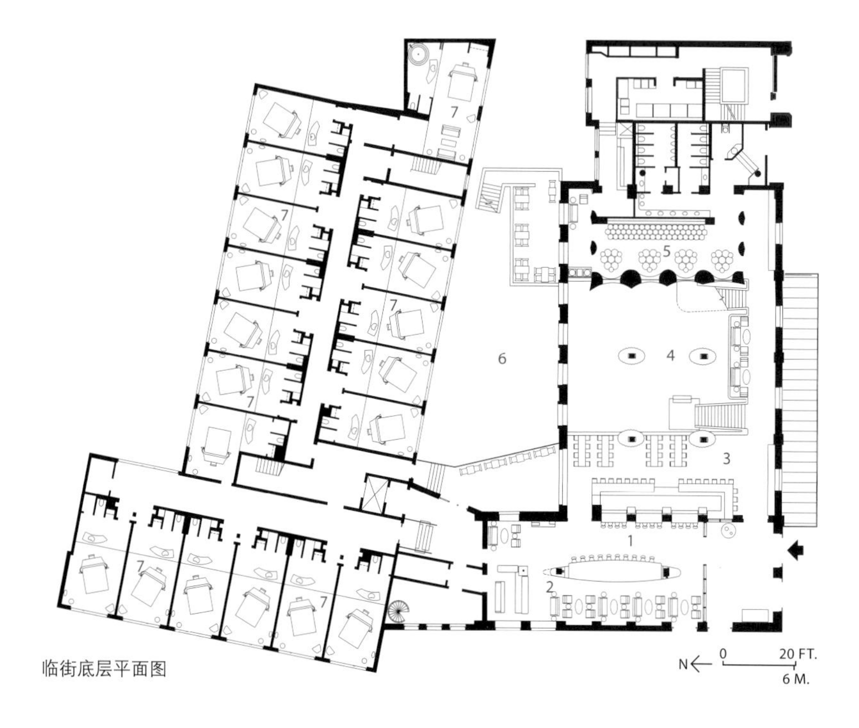

临街底层平面图

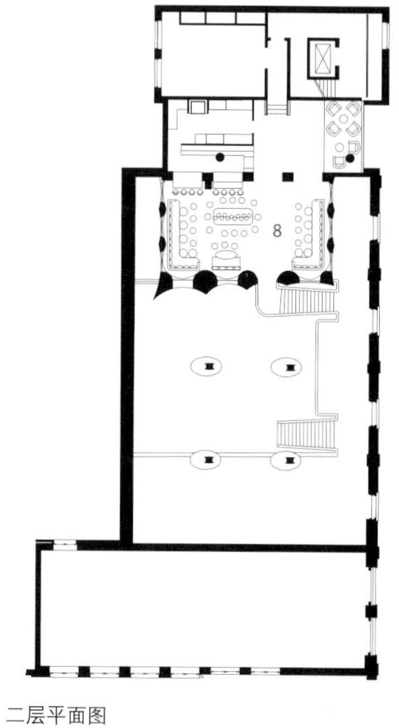

二层平面图

上，便可经由街道进入酒店，或者从突出建筑体块的一个大堂酒吧或两个休息室内俯瞰餐厅。而要到达另一处饮酒区域——司木露休闲酒吧，则须更上一道楼梯。

“我们想在新旧之间营造一种强烈的对比，这也是我们不遗余力地保留该厂房外壳的原因。”莫泽尔在2001年第一次看到这座历史上著名的、曾为涂鸦所遮蔽的建筑时如是说道。

就像他做的大多数项目那样，莫泽尔对来到酒店的人们可能看到或触及到的任何一样东西差不多都做了设计，由此创造出了他个人的瑰丽奇妙、自成一体的室内设计世界。他最初曾把活的生物体在电子显微镜下的照片扫描，从这些图片放大几百万倍后的图像里，几乎可以找到充斥在眼前这个项目中所有富于东方色彩的装饰灵感的来源，其中包括加强型树脂纤维板凳、泰式铝绒水槽，从锻铁中精炼而成的金银丝、手工制作的球根状的家具和雕塑，甚至还有结实的铁烛台。

房间也得到了同样的特殊处理，而且莫泽尔更进一步，重新整体思考了最根本的设计元素。因此，除了开放建筑平面和房间中间的盥洗台外，传统的垂直床头板也被重新设计，就像超大型的翼背式椅子“使人靠在上面格外舒适”。

注释

莫泽尔生动的形式及诡异的设计美学，在汉堡没有任何新建筑或是老建筑可以与之媲美。游离在欧洲现代主义者脆弱的几何形状和年轻的球形狂热者流动的形式之外，莫泽尔创造出了一个视觉和质感上都异常丰富的空间，令无论是美食家、泡吧者还是酒店住客都为之耳目一新，而同时酒店陈旧的砖砌立面又为这栋富丽堂皇的建筑物涂上了一层历史的幽光，令人不禁为之欣慰。■

在大堂（上图）不仅可以登记入住，也可以结帐离店。铸造厂地窖粗糙的砖墙在餐厅空间的间壁划分出了另一片用餐区域。

摄影：© MARTIN SHEENAN（下图）

皮尔森学院 美国 纽黑文

Pierson College New Haven

KTA建筑事务所既尊重耶鲁大学对于传统的眷恋，又兼顾它的现时需求

By Sara Hart 胡沂佳 译 徐迪彦 校

建筑师：KTA建筑事务所——斯蒂芬·基兰(Stephen Kieran)，美国建筑师学会资深会员、设计合伙人；Christopher MacNeal，美国建筑师学会会员、副主管；Jamie Unkefer，美国建筑师学会会员、项目经理；Marceli Botticelli, Brian Carney, Kannikar Peterson, Karl Wallick, 项目建筑师; Andrew Evans, Castor Kong, Elisheva Levi, Rachel Mainwaring, Miharu Morimoto, Mark Rhoads, Kathy Speicher, Matt Sauer, Adrienne Swiatocha, Kurtran Wright, 设计团队

业主：耶鲁大学

顾问：BVH整合系统（火灾报警）；CVM工程师事务所（结构）Towers/Golde（景观）；Tigue（灯光）；大都市声学（声学）

规模：16.55万ft²

造价：未透露

竣工日期：2004年9月

材料/设备供应商

门：Duratherm （上层庭院宿舍）; Steelcraft (金属制品)

窗：Marvin (木窗)；Moduline (铝合金窗)

电梯：Holtz

吸声顶棚：Tectom

弹性运动地板：道奇-雷古珀(Dodge-Rugepol)；美国哈利根(Harlequin)

关于此项目更多信息，请访问**www.architecturalrecord.com**的作品介绍（Projects）栏目

到20世纪上半叶，耶鲁已经是一所享有盛誉的著名学府。这就促使学校建筑物激增、课程繁冗、注册人数不断扩大。一些校友和校方管理层注意到，大学的氛围正因此而变得日益非人性化，以至贻害学生，于是借鉴牛津和剑桥的模式，开始将校园重组为一个由小型寄宿制学院构成的松散网络。他们确信，亲密的、家庭式的氛围不但有益于学术成果的取得，而且能增加情感交流，促进社会安宁。

耶鲁大学校友、建筑师詹姆斯·甘布尔·罗杰斯〔James Gamble Rogers (1867～1947年)〕接受委任来将这种设想转变为现实。罗杰斯曾经成功地设计了众多的学院建筑，此时则承当了耶鲁12个寄宿学院中的10个，其中就有皮尔森学院。

皮尔森学院是罗杰斯掌控尺度、比例和细节构造技巧的卓越案例。它位于耶鲁在校生住宿园区西侧边缘，竣工于1933年。主楼地下1层地上5层，两翼是学生宿舍，环绕着一个很大的操场。建筑外部是乔治王殖民时期的砖石风格，混凝土包裹的钢柱支撑着板式的屋顶。

计划

校方委托设在费城的KTA建筑事务所（Kieran Timberlake Associates）来担纲一个鸿篇巨制。方案牵涉复杂广泛，包括作息周期调整、功能升级、贴合生命安全规范和救生设施易取性原则、宿舍升级扩容，以及食堂，自由活动区域的改进等；而且调整并不局限于建筑本身，也包括在尚未开发的学院东侧增加一条景观道路和一所庭园。

解决方案

首先，难度最高的一些解决措施反而并不是明显可见的。在需要保留的区域，如食堂的门廊和图书馆，KTA拆除了内部装修，保留了木艺，升级了机械、电力和火警系统，然后将面层重新处理以至看起来就像从未动过一样。

其他的一些变动则较为明显，它们的处理既需技术，又需巧思。KTA负责人斯蒂芬·基兰（Stephen Kieran）解释说："现代主义认为，一套预先设想好的设计体系并不总能很好地应对那些特殊情况或未曾预料到的发现，而这些在历史建筑的改造中又几乎是不可避免的。现代主义者试图向已有的建筑中嵌入新的功用，这就教会了他们在大好机会一旦闪现的时候就牢牢地抓住它。"基兰的这番话差不多代表了该项设计的指导性

摄影：© BARRY HALKIN PHOTOGRAPHY

在对皮尔森学院（对页，左图）的翻新过程中，建筑师拆除了餐厅（下图），把采暖通风和空调系统升级，并迁移了餐具室旁边的配餐室（右图）。他们在上层庭园建起的3层宿舍，提供了24个床位（对页，右图）。

原则，比如KTA着手将拥挤的庭院和地下室转换成为社交和休闲场所，其中有健身设施、有氧/舞蹈房和练琴房。此外，位于二层拥挤的附加庭院并入了原来的图书馆，且配备了电脑设备。

为了缓解床位短缺现象，KTA改建了已有的套房，将两个相邻的套房合并为一，在卧室增加储藏空间，并加强了循环利用。KTA还在位于学院方庭和剧院之间的上层庭院内添加了一个3层高，1.15万ft³的体块，它又额外提供了6套套房共计24个床位。

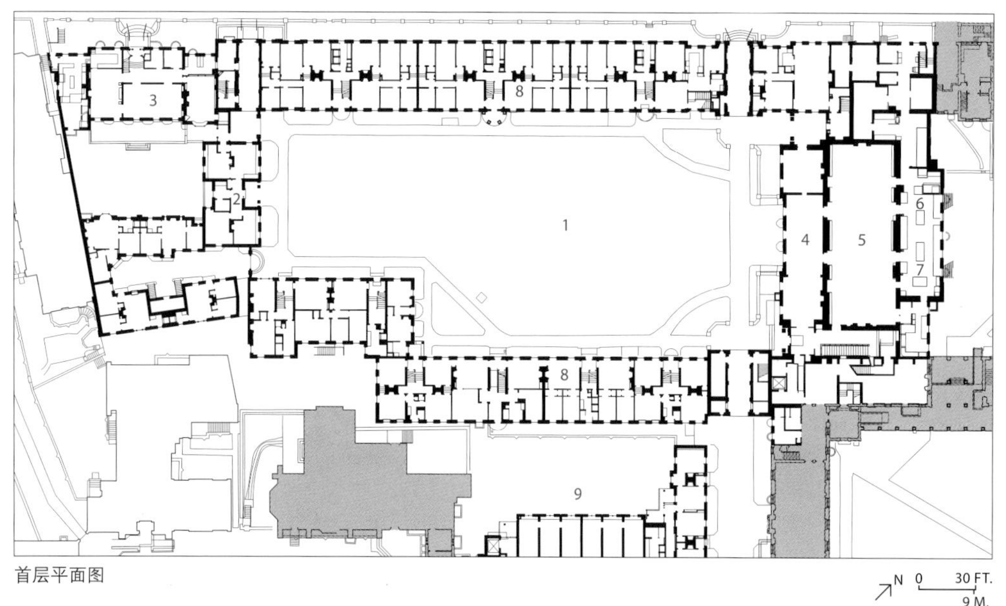

首层平面图

1. 庭园
2. 行政楼
3. 校长室
4. 休息室
5. 食堂
6. 厨房
7. 配餐室
8. 学生套房
9. 中心庭园新增建筑

原有的图书馆（左图）被拆除，系统得到了升级，镶板重新安置。同时，建筑师将两个拥挤的庭园改成了可以提供更多小间书房和一个会议室的空间。

注释

尤其当历时漫长的建筑系统整体升级已告完成，要将那些未曾预见之处重新发掘出来时，是需要相当的眼力和信心的。当时间的流逝将原先的形体和功能抽离了那些被遗弃的地下室以及其他一些难以利用的狭小间隙，许多建筑师采用的会是补缀和涂料修饰之类温和的策略。KTA的过人之处就在于他们反倒在此处看到了表达艺术情调的机会，尤其是地下室那些阴郁的宛如迷宫一般的蒸气管道、电缆和临时储藏室。他们通过材料层数的增减创造了过去与现在的复写。

只要有可能，石头砌筑的基座就尽量裸露。加工定型的石膏板作为材料间的自然过渡，形成了贯通走廊的一系列抽象拼贴画。而密封的井道也被打开来沟通外界以及引入光线。罗杰斯如果在世，必将折服于他们的大胆，特别是他们悬挂起一幅画像来表达对于这位前辈的纪念。■

地下室(上两图)的翻新需要将蒸汽管道重置到外墙，尽可能地引进光束，在涂敷新的面层材料时将旧者剥除，以创造一种拼贴画的质感来记录建筑的历史。

地方协会580　美国 长岛
Local Union 580　Long Island City

DGA建筑事务所在一幢建筑物的改造中灵巧地编排了一个金属组合，以表示一个协会的身份

By Suzanne Stephens　朱荣丽 译　徐迪彦 校

建筑师：DGA建筑事务所——负责人Daniel Goldner；项目执行人 Davis Iszard；项目建筑师 Ashley Wilson；项目经理 Jimmy Counts

业主：铁件工人地方协会580（学员培训设施）

工程师：Wexler and Associates（结构）；John Guth Engineering（设备）

规模：18000 ft^2

投资：未知

完工日期：2004年

材料/设备供应商

不锈钢网屏：GKD

树脂片玻璃：Rudy Art Glass

结构玻璃：Depp Glass

室内悬吊格栅式吸声顶棚：Armstrong

定制金属嵌板、窗、入口门及把手：Benjamin Moore

涂料和着色剂：室内涂料Benjamin Moore；钢柱表面覆涂的遇火膨胀涂料Carboline

关于此项目更多信息，请访问***www.archrecord.com***的建筑类型研究（Building Types Study）相关内容

皇后区长岛市也许已经获得了一个艺术光环，因为这儿分布着PS1当代艺术中心、电影博物馆，以及野口勇博物馆。但除此以外的大部分区域都充斥着沉闷、低矮的石头建筑，它们是轻工业及其他一些相关企业的厂房。不过，为铁件工人地方协会580（为装修建筑领域的铁件工人提供学员培训服务）做的一个改造项目却显示了如何可以艺术性地改变那种状况。

计划

该项目是将一座肮脏阴暗的医药供给站和它那凹陷式嵌入墙体的砖材质车库改造成1.8万ft^{2}的教室和车间。协会领导人希望立面和公共空间的设计能够暗示和传达出他们行业的工艺价值。要实现这一想法，合适的人选近在眼前。工作室就设在曼哈顿的DGA建筑事务所，它已经为两个建筑铁件工人协会成功地完成了一项改造，将附近的一座建筑物改造成了一种干净、平面的"国际式"风格。在地方协会580的案例中，事务所提议主任设计师Goldner采用一系列金属元素来充分强调这个协会所掌握的那门独特工艺。

解决方案

Goldner和他的团队不仅修补了原来的一个车间和与之相邻的一个焊接车间以及插入地下室中的几间教室的室内钢质骨架，也把立面、门厅和

砖立面和停车场（左图）为带有Z型修剪洞口的多孔不锈钢板网所覆盖（上图）。一不锈钢网屏从二层屋顶吊挂下来（对页图）。

楼梯完全用金属表皮包裹起来。在新立面的处理上，Goldner将原来的砖头外墙基本保留不变，只在少部分地方补上了混凝土块。然后他设计了一个由3/16in厚的混合金属板拼接而成的外壳，铺覆在建筑的底层，又加上了一个锈铜的塔门。此外，底层的设计还使用了穿孔不锈钢，散发着柔和的光泽；门用的是珠光不锈钢，底层北端则用到了氧化钢。刻饰在板材上有如槽沟一般的水平和竖向窗户镶着灰绿、钴蓝以及黄色的玻璃，使得这个砖墙背景下利用反衬和一些微型体量凸现出来的现代主义作品显得更富有戏剧性。

从屋顶轮廓线上，Goldner吊挂了一个27ft高的不锈钢网幕，垂到二层的上方戛然而止。从各个角度

摄影：© DAVID JOSEPH，除了左页下图由建筑师提供

观看，这个屏幕都呈现出不透明状态；然而它恰恰又微妙地揭示了掩蔽在后面的砖墙。为了使这种“欲盖弥彰”的手法更加效果显著，Goldner的屏幕并未覆盖住建筑金属板底座以上的全部外观，因此视线可以时而毫无挂碍地瞥见砖墙的这一隅或那一隅。同时，这个屏幕也令用作出租的第二层仅通过原来的窗户就能够自然采光。

在11ft高处，一个篷底涂黑的铝制雨篷一直延伸到门厅，使得这个高13ft 6 in高的空间被稍稍地压缩了。空间内用黑色石板底面固定，以钢、黄铜、玻璃及预先锈蚀的铜等为材质的各种平面戏剧性地相互作用与影响，强化了这个小小的、立方体门厅的尺度。在它下面的一层，另一个门厅通过上层的玻璃楼板获取自然光线，然后再把光线输送到与之相通的设计严谨的过道和教室里。

注释

必须得承认，建筑物内派上实际用场的教室和车间缺乏立面和公共空间设计的戏剧性。然而，正是由于后者，这栋建筑才取得了巨大的成功，特别是作为一种城市的姿态。它为类似的改造提供了可资借鉴的极好模式。对于今天来说，Goldner努力的意义就在于，他从破旧的工业建筑的沉闷背景中创造出了一个视觉惊奇。

这个改造项目显然很好地证明了装饰和建筑金属工艺的巨大的潜在可能性，而这也正是项目的业主——铁件工人协会所孜孜追求的。此外，它也再次肯定了建筑艺术对于人们日常活动的处所能够起到的出其不意的效果。Goldner展示了工艺和材料与比例和布局的精巧构思相结合（这一点无须惊讶，因为他曾经在ELB事务所工作过）在改善城市景观方面可以走得很远——虽然也得一步步来。■

在一层门厅（上图），一不锈钢长椅好像漂浮在结构玻璃上边。它插进低处的黄铜分割物，而此黄铜分割物又同楼梯平台处发光有纹理的玻璃地板相接合。在长椅上方，预先锈蚀的铜板限定了门厅的空间。

首层平面图

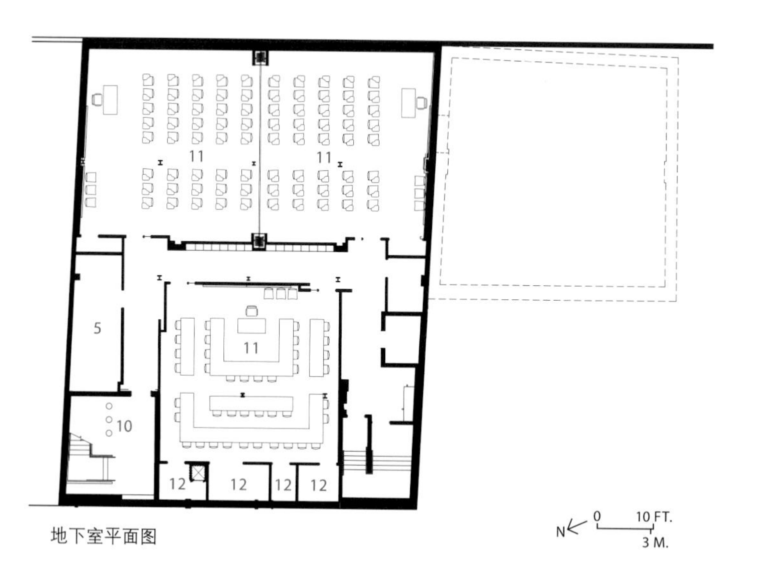

地下室平面图

1. 门厅
2. 管理室
3. 车间
4. 办公室
5. 储藏室
6. 承租人入口
7. 煅烧桌
8. 焊接车间
9. 停车场
10. 底层门厅
11. 教室
12. 机电室

有着彩色树脂玻璃的管理办公室紧临门厅（左上图）。在这里，深暗的石板面呼应着雨篷延伸部分涂黑的铝底面。不锈钢踏步轻盈地落在楼梯结构钢梁上（右上图），向下通往教室区（右图）。门厅从上层的玻璃楼面获得自然光线，渗透进教室。

重生：新的表皮带来新的开始

Born Again: A New Skin Offers a Fresh Start

弗吉尼亚州里士满市市政厅的外立面翻新是对建筑设计和材料使用寿命之间密切关系进行的探索性研究

By Sara Hart　朱荣丽 译　钟文凯 校

尽管缺乏确凿的数据，但是陆续出现的案例表明，在特定环境下，建筑幕墙会比建筑物的其他部分老化得更加迅速和严重。可以说，脱胶剥离的现象正在越来越普遍地出现。由于大量的20世纪60年代和70年代的高层建筑幕墙开始出现破损的迹象，业主们必须开始掂量众多可供选择的修缮手段的费用成本，而且必须聘请设计专家来确定最佳的操作流程。该问题变得如此之常见，以至于外墙顾问在建筑行业里成了一门新兴的跨学科专业。

建于20世纪70年代的弗吉尼亚州里士满市市政厅，容纳了市政府、市长、市议会、学校管理部门的全体员工和管理人员，也包含了18个部门和机构的办公室；它是800多名职员的工作场所。该建筑已称职地为社区服务了27年，但是在20世纪90年代中期，人们发现市政厅外墙面正以一种持续而令人担忧的速度丧失其结构安全。

1997年，里士满市委托了一个由Fred Ortiz〔AIA会员，来自里士满市的SMBW（Scribner, Messer, Brady & Wade Architects）建筑事务所〕和Daniel Lemieux〔AIA会员，来自弗吉尼亚州费尔法克斯(Fairfax)的WJE(Wiss Janney Elstner)事务所〕领导的顾问小组，任务是鉴定外墙损坏程度，制定建筑修复计划，以及通过建筑语言来重塑市政厅的形象，从而启动了长达四年的努力，包括现场证据的搜集、紧急补救、成本分析、立面的拆除、重新设计和更换。

这种类型的委任看起来像是一种与建筑设计相反的方法，并不是每个建筑师都喜欢的。建筑师的工作不仅仅是基于别人的设计，而且是一个或多或少已经失败、附带着严重后果的设计。然而，致力于所在地域的从业者们认为自己拥有同公民一样的义务去促进城市的复兴。“市政厅项目与我们实践的核心价值发生了共鸣，”Willard Scribner（FAIA，SMBW建筑事务所的负责人）说，“在一个弗吉尼亚和东南部的所有城市都面临着基础设施需求紧张而资源日渐缩减的时代，我们试图通过优秀的设计、创新的策略，以及融资的渠道来帮助满足这些要求。”

下面的叙述主要基于WJE事务所为SMBW建筑事务所提供的一项研究。该研究最终使SMBW设计出里士满市的新建筑标志。作为研究的一部分，SMBW和WJE的项目小组查阅了所有能找到的与原始设计和施工、多年来的维修和改造，以及日常维护有关的文件。其次，他们到现场核实了建筑物的实际建造情况，包括材料、部件及体系。他们发现基础部分的结构相对完好，但是建筑物表皮的大理石板材却存在诸多问题。事实上，翘曲、板边裂纹和其他破损情况随处可见。

市政厅是由大理石板材覆盖的立方体，塔楼从四层的基座中部升起，基座被划成四个分区。塔楼是一个简明统一的结构，通过周圈与外幕墙体系脱离的柱列得以表现，因此外墙看起来像是由一系列深陷的凹窗组成。

前后对照：当那破损的大理石立面（右图）被花岗岩和铝材立面替代时（左图），里士满市市政厅获得了一个崭新的、大为改善的面貌。

摄影 / 制图：© SCRIBNER, MESSER, BRADY & WADE ARCHITECTS

问题

覆盖整个结构的薄大理石板材是问题所在。微观下，大理石由一系列紧密连接的方解石晶粒组成，这些晶粒通过一种方解石结构连结在一起。温度的变化在这种结构中会引起严重的破坏，造成方解石结构中的晶间断裂或者微观裂纹。处于该结构中的晶粒分离意味着它们的解体。这使大理石的材料属性发生永久的变化，导致其体积膨胀，从而开始了不可逆转的破坏进程。这种情形被称为滞后作用，并且确实像它听起来那样有害。

在过去的三四十年里，人们认识到滞后作用是一种严重影响大理石的情形

滞后作用特别对大理石薄板构成威胁，这是在20世纪70年代广泛使用的面材。用于市政厅的乔佐治亚州白色大理石板材不仅薄，而且纹理较粗，比起细纹大理石材如佛蒙特（Vermont）大理石更易发生滞后作用。

在滞后作用中，取决于受温度变化影响的程度，单片板材将以不同的速度损坏。显然，暴露在阳光底下、饱受气候侵蚀的外面层会比受到保护的内

关于本项目更多信息，请访问
www.architecturalrecord.com

新的铝板覆盖的观光层（左图）替代了原先的观光层（下图）。原来的窗框仅仅环绕着开口的三面，且结束于一个“自杀式吊钩”——带有尖点的弯曲不锈钢方杆。新窗户是全玻璃的。板材悬挂于锚固在混凝土柱子的铝轨支架上（底图）。

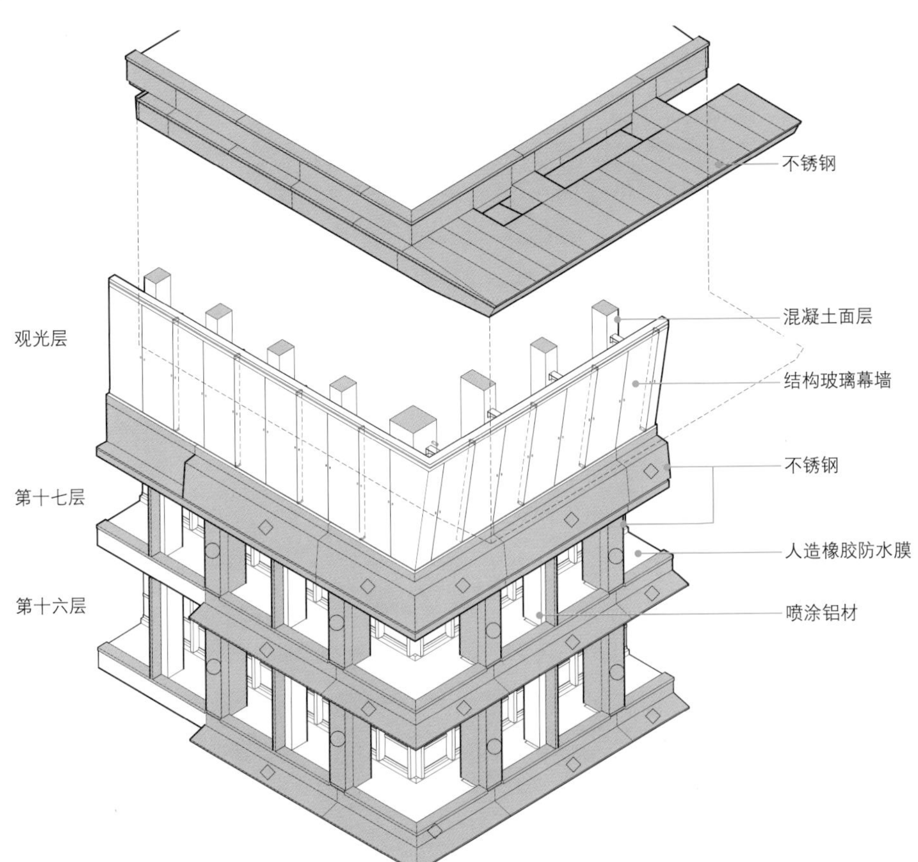

塔楼观光层西南角的构造体系

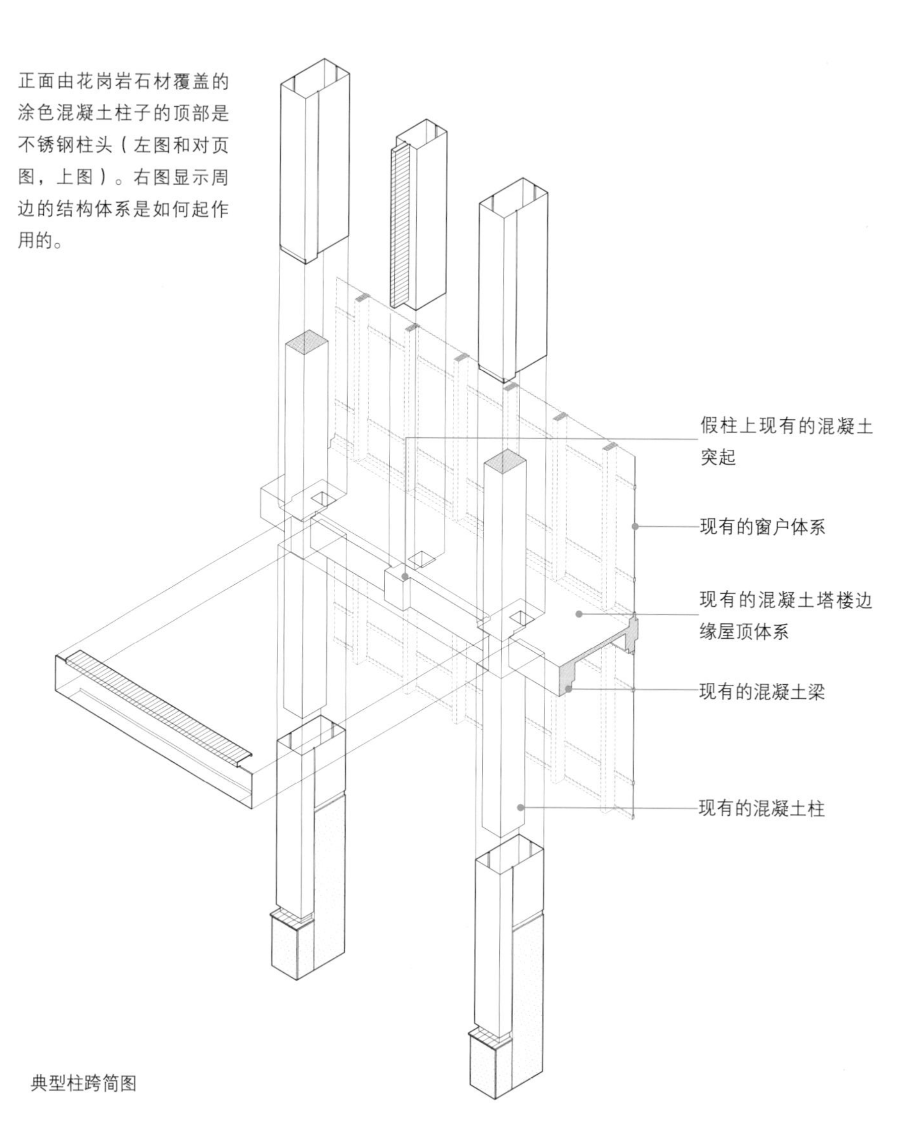

正面由花岗岩石材覆盖的涂色混凝土柱子的顶部是不锈钢柱头（左图和对页图，上图）。右图显示周边的结构体系是如何起作用的。

典型柱跨简图

部区域承受更多的滞后作用。因为外表面损坏得更快，板材会向外翘曲。恶劣天气还会在板材边缘造成肉眼可见的裂纹。当翘曲变大、水分渗入增多，暴露板材的表面裂缝也随之扩大。

在城市中，酸雨可以加速方解石结构的消解过程，加快石材的解体速度。解体又被称之为“撒糖”，因为当解体开始时，松散的、粉状的方解石晶粒在暴露的表面析出。这会引起更多的板边开裂和板材内部应力增加，进一步导致石材强度的严重丧失。

在过去的三四十年里，人们认识到滞后作用是一种严重影响大理石的情形。但在里士满市市政厅设计建造时，滞后作用对薄石材的影响还没有被广泛地认知。今天，滞后作用已被公认是一种可以决定大理石薄板终结命运的顽疾，因为它既不可被逆转也不可被纠正。一旦该疾病将一块大理石板材的弹性强度降低至400~600psi之间（1000psi是通用的最低工业标准），石材的整体结构性能很可能就会永久地丧失，此时现场的维护或者加固已经不再是可行的选择。最终，板材变得非常脆弱以至于继续留在建筑物上都会带来危险。这就是里士满市市政厅的情况，正如SMBW 和 WJE研究报告的那样。

延缓时间

1995年10月，在WJE和SMBW介入以前，一项临时解决方案以保障公众安全的名义得以执行。5000条玻璃纤维带和角部支撑围绕建筑物外表进行安装，以保证大理石板材呆在原处。“当纤维带阻止大理石碎片掉落至下边的人行道时”，Scribner解释道，“它们限制了因热膨冷缩而带来的位移，这引起进一步的板材翘曲，加速了破坏过程”。因此多年来恶化持续发展以及新的裂纹不断出现也就不足为奇了，这些再次引起对于公众安全问题的严重担忧，亟需提出一个彻底的建筑解决方案。

这就是为什么在1997年9月，SMBW和WJE被征召来作进一步的研究并寻找长远的解决方案。在他们完成证据的搜集工作以后，该小组建议马上在建筑物的不同区域采取短期缓解措施来辅助玻璃纤维带的作用。存在问题的大理石板材有两种厚度。塔楼的正面和底面板都是2cm厚，而基座上的面板是3cm厚。板材的面积从6~18ft^2不等，依据不同的位置由不同类型的重力锚件和“发夹”锚件支撑，许多锚件已经脱离，或者至少被观察到已经超载。

板材变得非常脆弱以至继续留在建筑物上都会带来危险

鉴于该研究的详尽和全面，这里只能将最终建议的概要进行陈述。对于基座部分，该项研究得出如下结论：经过实验室测试的大理石样本具有较高的弹性强度，板底构造和锚件的状况比建筑物的其他区域要好。因此建议临时性的支撑和加固是一种可行的短期解决方法，同时建议进行频繁的肉眼监测。

建筑物南立面上的水平板（下图）将有助于减少直射阳光和辐射热。悬挑的铝制构架（右图）模仿相邻建筑的檐口线。

然而塔楼部分却更加濒临危险，因为翘曲和边界裂纹显示出板材强度的丧失。因此，对基座部分板材所采取的支撑/加固措施是不起作用的。SMBW和WJE坚持受损最严重的板材必须马上拆除。在这种情况下，他们建议大理石板临时替换成完全锚固的复合木板或者类似的能抵抗气候侵蚀的材料，漆成与现有的大理石相同的颜色，并且将缝隙密封起来防止水分的渗透。对于基座部分，研究建议进行频繁的近距离监测。

选择

随着直接危险的解除，该是为塔楼和基座整体外立面的更新寻找设计策略的时候了。应有的勤奋要求建筑师对每一种可供选择的材料进行研究。材料耐久性、使用寿命、适用性、美观、抗侵蚀性能、成本以及相关施工性能都是重要的考虑因素。他们研究了花岗石、石灰石、轻质天然石板、建筑预制混凝土/铸石、玻璃纤维加强混凝土（GFRC）、预制聚合物混凝土板、外部保温和饰面体系（EIFS）、复合铝板以及实心铝板。

每种材料各有优缺点，通过适当的节点设计，它们中的任何一种都能表现良好。但是，建筑师关注的仅仅是如何将之应用在里士满市市政厅的外立面设计上。因此，他们将判断的依据局限在这个特定案例所提供的独特情形之中。尽管关注点非常集中，他们还是对每种材料都进行了详细的研究，并且把它们的特点和缺陷都记录在案。例如，花岗石具有更高的抗压和抗弯强度的最低值，这能抵制滞后作用的影响，对于耐久性和长期表现来说是一种极好的选择。石灰石也具有这些品质，但需要更大的厚度才能达到足够的安全系数。轻质石板对于建筑工业来说相对较新，是作为高成本天然石材的一种替代品而诞生的。典型的轻质石板由一层薄薄的天然石板和蜂窝状铝板粘合而成，后者提供了结构稳定性。

应有的勤奋要求建筑师对每一种合理的材料选择都进行研究，并且把它们的特点和缺陷都纪录在案

预制混凝土/铸石是一种经久耐用但比天然石材更加便宜的材料，可以加工成许多不同的尺寸、形状和颜色，或者呈现出多种多样的肌理。GFRC与预制产品类似。由于玻璃纤维加固补充或者替代了钢筋的作用，因此可以降低静荷载达75%之多。由于预制聚合物混凝土板使用聚合物补充或替代波特兰水泥。使用的聚合物种类是一个重要的考虑因素，特别是当结冻-解冻条件是一个决定性因素的情况下。EIFS是一种多个元素组成的外墙体系，由玻璃纤维网加强基层的隔热板、粘结剂或机械连接装置，以及保护整个体系的面层涂料组成。复合铝板类似于轻质天然石板，实心铝板也是轻质和耐用的材料，可以通过细部的设计进行简易的安装。

几处特征将新表皮（右图）与旧表皮区分开来。原先被大理石包裹的假柱（右下图）被拆除，以便在新方案中敞开角部（右上图）。

方案

所有这些选择以及它们合适与否的建议都被提交给了市政府。出于设计研究的目的，SMBW提议他们采用花岗石和铝合金(ACM)结合使用的方案（虽然以花岗石代替大理石是最直接的解决方案，但也是最昂贵的）。花岗石被证明是在结构荷载标准内最佳的石材选择。与大理石不同的是，它能抵制滞后作用的影响，在考虑到耐久性和长期表现时是极好的选择。ACM性价比好，如果正确安装的话可以与实心铝板一样耐用。它是由预先确定宽度的卷材制成，通过计算板材尺寸可以减少浪费、节约成本。该金属表面镀了高性能的涂层，但SMBW建议使用金属面层来展现材料的本质。

花岗石和铝合金（ACM）的结合使用解决了许多问题，优化了视觉效果

SMBW发展出一种策略，即通过花岗石有节制的使用来优化它的视觉效果。虽然表面上自相矛盾，这种方法却解决了许多问题。花岗石被用于从地面高度可以看见的基座部分的楼层以及议会大厅。在塔楼上铝材代替花岗石，因而避免了下底面处用金属丝吊挂花岗石板这种常见状态的出现。此外，塔楼上大理石覆盖的柱子周长可以缩短35%，这是因为它们仅仅包裹着m/e/p系统，而不是结构。另外，角柱完全可以被拆除，以改善角部办公室的视野。最后，新方案在建筑物正面的屋顶轮廓线上设置了一个突出部分来创造檐口，从建筑设计的角度来看与周边建筑的檐口线更加协调。

SMBW的项目经理Fred Ortiz这样来总结他们所付出努力的效果："我们利用建筑物更换表皮的机会，在脑海中创造了一个新的形象，它在本质上是进步和现代的，同时对里士满市过去的传统和快速变化的城市环境是敏感的。新外观将重新定义塔楼在市区主要大道上的姿态，以独特的方式塑造城市天际线。它是新的开始。"■

夜晚，观光层上新的照明系统被打开，市政厅宛如天际线上的明灯。